21世纪全国本科院校电气信息类创新型应用人才培养规划教材

高频电子技术

主　编　赵玉刚　张玉欣
参　编　蔡　靖　宋　勇
　　　　宋在勇

内 容 简 介

本书是电子信息类专业的专业基础课教材,详细介绍了通信系统中发送装备和接收装备的各种高频功能电路的原理、功能及其基本组成与基本分析方法。本书共分 10 章,内容包括:绪论,高频电路基础知识,高频小信号放大器,高频功率放大器,正弦波振荡器,振幅调制、解调和变频电路,角度调制与解调,反馈控制电路,软件无线电,Multisim 仿真实验。

本书可作为高等院校和大专院校的电子、信息、通信、测控等专业及其相关专业的教材,也可供相关专业的工程技术人员参考使用。

图书在版编目(CIP)数据

高频电子技术/赵玉刚,张玉欣主编. —北京:北京大学出版社,2015.3
(21 世纪全国本科院校电气信息类创新型应用人才培养规划教材)
ISBN 978-7-301-25508-7

Ⅰ.①高… Ⅱ.①赵…②张… Ⅲ.①高频—电子电路—高等学校—教材 Ⅳ.①TN710.2

中国版本图书馆 CIP 数据核字(2015)第 031976 号

书　　　　名	高频电子技术
著作责任者	赵玉刚　张玉欣　主编
责 任 编 辑	程志强
标 准 书 号	ISBN 978-7-301-25508-7
出 版 发 行	北京大学出版社
地　　　　址	北京市海淀区成府路 205 号　100871
网　　　　址	http://www.pup.cn　新浪微博:@北京大学出版社
电 子 信 箱	pup_6@163.com
电　　　　话	邮购部 62752015　发行部 62750672　编辑部 62750667
印 刷 者	北京富生印刷厂
经 销 者	新华书店
	787 毫米×1092 毫米　16 开本　14.5 印张　330 千字
	2015 年 3 月第 1 版　2018 年 7 月第 3 次印刷
定　　　　价	29.00 元

未经许可,不得以任何方式复制或抄袭本书之部分或全部内容。
版权所有,侵权必究
举报电话:010-62752024　电子信箱:fd@pup.pku.edu.cn
图书如有印装质量问题,请与出版部联系,电话:010-62756370

前　言

本书为了满足高等学校应用型人才培养的需求，在北京大学出版社的支持下编写而成。本书可作为应用型本科电子信息科学与技术、通信工程、电子信息工程等专业的教材或教学参考书，也可供从事电子系统研制与开发的工程技术人员参考使用。

高频电子技术是本科电子信息类专业的一门重要的专业基础必修课，它是一门理论性与实践性都很强的课程，它的研究对象是通信系统中发送设备和接收设备的各种高频功能电路的原理、功能及其基本组成与基本分析方法。本书内容丰富，应用广泛，编写时力求突出以下特点：

(1) 强化案例式教学，以工程应用实例、生活中常见实例等导出全章的知识点。

(2) 全书简明扼要，层次分明，重点突出，深入浅出，概念叙述准确精练，理论讲解简单实用，着重培养学生分析问题和解决问题的能力。

(3) 注重理论联系实际，注重内容更新，增加了新知识、新科技内容。

(4) 增加了仿真实验内容。

全书共分为 10 章，内容包括绪论，高频电路基础知识，高频小信号放大器，高频功率放大器，正弦波振荡器，振幅调制、解调和变频电路，角度调制与解调，反馈控制电路，软件无线电，Multisim 仿真实验。

本书由赵玉刚、张玉欣担任主编，蔡靖(吉林大学)、宋勇、宋在勇担任参编。其中第 1、2 章由赵玉刚编写，第 3、4、9 章由蔡靖编写，第 5、6 章由张玉欣编写，第 7、8 章由宋勇编写，第 10 章由宋在勇编写。

限于编者水平，书中难免存在不妥之处，恳请读者批评指正。

编者 于北华大学
2014 年 11 月

目　　录

第1章　绪论 ································· 1
　1.1　无线通信系统的组成 ············· 2
　1.2　高频电子技术研究对象 ·········· 3
　本章小结 ······································· 4
　思考题与练习题 ···························· 4

第2章　高频电路基础知识 ············ 5
　2.1　概念、术语 ···························· 8
　2.2　无线电波的传播与频段划分 ··· 9
　　2.2.1　无线电波的传播特性 ······· 9
　　2.2.2　无线频段的划分 ············· 11
　2.3　高频电路中的电子器件和无源
　　　　网络 ··································· 12
　　2.3.1　高频电路中的电子器件 ··· 12
　　2.3.2　高频电路中的无源网络 ··· 15
　本章小结 ······································ 26
　思考题与练习题 ··························· 27

第3章　高频小信号放大器 ············ 28
　3.1　晶体管高频等效电路分析 ······ 32
　3.2　单调谐回路谐振放大器 ·········· 36
　　3.2.1　单调谐回路谐振放大器的
　　　　　分析 ································ 36
　　3.2.2　放大器的谐振曲线 ·········· 40
　　3.2.3　放大器的选择性 ············· 42
　　3.2.4　多级放大器的电压增益 ··· 43
　3.3　放大电路的噪声 ···················· 44
　本章小结 ······································ 47
　思考题与练习题 ··························· 48

第4章　高频功率放大器 ··············· 51
　4.1　高频功率放大器的基础知识 ··· 53
　　4.1.1　什么是功率放大器 ·········· 53
　　4.1.2　常见功率放大器的类型 ··· 55
　4.2　丙类高频功率放大器的工作原理 ···· 56

　　4.2.1　丙类功率放大器电路模型 ··· 56
　　4.2.2　丙类高频功率放大器的
　　　　　分析 ································ 60
　　4.2.3　功率放大器的功率和效率 ··· 62
　　4.2.4　集电极电压利用系数与波形
　　　　　系数（电流利用系数） ····· 63
　4.3　丙类高频功率的动态特性与负载
　　　　特性 ··································· 63
　　4.3.1　动态分析 ······················· 63
　　4.3.2　负载特性 ······················· 65
　4.4　D类功率放大器 ····················· 68
　4.5　功率放大器的失真 ················· 70
　本章小结 ······································ 70
　思考题与练习题 ··························· 71

第5章　正弦波振荡器 ··················· 73
　5.1　概述 ······································ 77
　5.2　反馈振荡器的原理 ················· 77
　　5.2.1　原理分析 ······················· 77
　　5.2.2　起振条件与平衡条件 ······· 79
　　5.2.3　振荡平衡的稳定条件 ······· 81
　5.3　互感耦合振荡器 ···················· 83
　5.4　LC正弦波振荡器 ··················· 85
　　5.4.1　LC三点式振荡器相位平衡
　　　　　条件判断准则 ·················· 85
　　5.4.2　电感三点式反馈振荡器 ··· 86
　　5.4.3　电容三点式反馈振荡器 ··· 87
　5.5　振荡器的频率问题 ················· 90
　　5.5.1　频率稳定度的意义 ·········· 90
　　5.5.2　影响频率稳定度的原因及
　　　　　稳频措施 ························ 91
　5.6　高稳定度电容三点式反馈振荡器 ···· 92
　　5.6.1　克拉泼振荡电路 ············· 92
　　5.6.2　西勒振荡电路 ················ 93
　5.7　石英晶体振荡器 ···················· 94
　　5.7.1　石英晶体谐振器概述 ······· 94

5.7.2 石英晶体振荡器概述 …………… 96
5.8 负阻振荡器 …………………………… 98
　5.8.1 负阻器件 ……………………… 98
　5.8.2 负阻振荡电路 ………………… 98
5.9 集成电路振荡器 ……………………… 99
本章小结 …………………………………… 100
思考题与练习题 …………………………… 101

第6章 振幅调制、解调和变频电路 …… 106

6.1 振幅调制与解调概述 ……………… 109
　6.1.1 调制概述 …………………… 109
　6.1.2 检波概述 …………………… 110
6.2 调幅波基本理论 …………………… 112
　6.2.1 普通调幅波 ………………… 112
　6.2.2 双边带调幅信号和单边带
　　　　调幅信号 …………………… 115
　6.2.3 振幅调制电路组成 ………… 116
6.3 高电平调幅电路 …………………… 117
　6.3.1 集电极调幅电路 …………… 117
　6.3.2 基极调幅电路 ……………… 119
6.4 低电平调幅电路 …………………… 120
　6.4.1 单二极管调幅电路 ………… 120
　6.4.2 二极管平衡调幅电路 ……… 122
　6.4.3 二极管环形调幅电路 ……… 123
　6.4.4 集成模拟乘法器调幅电路与
　　　　混频 ………………………… 125
6.5 包络检波器 ………………………… 127
　6.5.1 包络检波器工作原理 ……… 127
　6.5.2 包络检波器分析及技术
　　　　指标 ………………………… 128
　6.5.3 包络检波器的失真 ………… 131
6.6 同步检波器 ………………………… 134
　6.6.1 乘积型同步检波器 ………… 134
　6.6.2 叠加型同步检波器 ………… 136
6.7 变频器 ……………………………… 137
　6.7.1 变频器的基本理论 ………… 138
　6.7.2 二极管平衡混频器 ………… 140
　6.7.3 二极管环形混频器 ………… 141
　6.7.4 三极管混频器 ……………… 142
本章小结 …………………………………… 144
思考题与练习题 …………………………… 145

第7章 角度调制与解调 ………………… 150

7.1 调角波的性质 ……………………… 151
　7.1.1 瞬时角频率与瞬时相位 …… 151
　7.1.2 调角波的数学表达式 ……… 152
　7.1.3 调角波的频谱及带宽 ……… 154
7.2 角度调制的方法 …………………… 156
　7.2.1 调频电路 …………………… 156
　7.2.2 调相电路 …………………… 159
　7.2.3 间接调频与间接调相 ……… 162
7.3 调角信号的解调 …………………… 163
　7.3.1 鉴相器 ……………………… 163
　7.3.2 鉴频器 ……………………… 168
7.4 数字信号的角度调制与解调 ……… 172
　7.4.1 数字频率调制与解调 ……… 172
　7.4.2 数字相位调制与解调 ……… 174
本章小结 …………………………………… 178
思考题与练习题 …………………………… 179

第8章 反馈控制电路 …………………… 183

8.1 概述 ………………………………… 184
8.2 自动相位控制电路 ………………… 186
　8.2.1 锁相环路的数学模型 ……… 186
　8.2.2 锁相环路的应用 …………… 190
本章小结 …………………………………… 193
思考题与练习题 …………………………… 194

第9章 软件无线电 ……………………… 196

9.1 软件无线电概述 …………………… 198
9.2 软件无线电的关键技术 …………… 200
9.3 软件无线电的实现 ………………… 203
思考题与练习题 …………………………… 205

第10章 Multisim仿真实验 ……………… 206

实验一 高频小信号单调谐放大器
　　　　实验 ………………………… 206
　一、实验目的 …………………… 206
　二、实验原理 …………………… 206
　三、实验分析 …………………… 206
实验二 非线性丙类功率放大器实验 …… 209
　一、实验目的 …………………… 209

　　二、实验原理 …………………… 209
　　三、实验分析 …………………… 210
实验三　三点式正弦波振荡器实验 ……… 212
　　一、实验目的 …………………… 212
　　二、实验原理 …………………… 212
　　三、实验分析 …………………… 212

实验四　变容二极管调频实验 …………… 214
　　一、实验目的 …………………… 214
　　二、实验原理 …………………… 214
　　三、实验分析 …………………… 215

参考文献 ……………………………………… 217

第1章 绪论

- 了解无线通信系统的组成和各部分的功能。
- 了解高频电子技术研究对象。

 本章知识结构

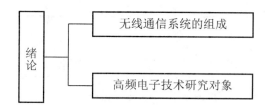

1.1 无线通信系统的组成

作为无线通信系统的基础，高频电路是无线通信设备的重要组成部分。不同的无线通信系统，其设备组成和复杂度虽然各有差异，但是基本组成结构相同，即包括信号产生的发射模块和信号接收模块两个部分，其基本组成方框图如图 1.1 所示。图中上部分为发送模块，下部分为接收模块，信号传输的通道为自由空间。

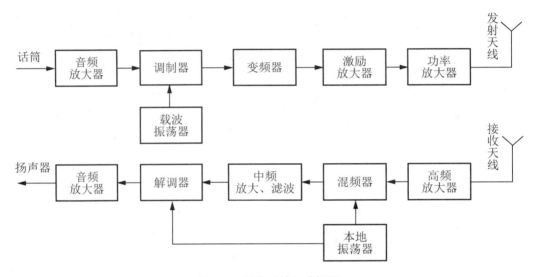

图 1.1 通信系统组成框图

发送模块是把音频信号加载到高频载波电流上，送至发射天线（Transmitting Antenna），转变为电磁波发射出去。该模块包含 3 个部分：高频部分、低频部分和电源部分。

高频部分有载波振荡器（主振荡器，Master Oscillator）、变频器、激励放大器和输出功率放大器。主振荡器是产生频率稳定的载波，往往采用石英晶体振荡器，并在它后面加有缓冲级，以削弱后级对主振荡器的影响。变频器（混频器、倍频器）是对调制后的信号频率进行增大，以达到所需要的数值。激励放大器是为了提高输出信号幅度，满足推动末级功放的电平要求。输出功率放大器是为了提高发射功率电平，以便经天线把信号发射出去。

低频部分包括话筒（或拾音器等）、音频放大器和调制器（Modulator）。低频信号经逐级放大后，获得所需功率电平控制高频载波振荡器的某个参数，从而实现调制。

接收模块是完成信号的接收任务，过程与发射过程正相反，一般采用超外差形式，也是含有 3 部分。高频放大器是将天线接收到的微弱电磁波进行多级放大，经下混（变）频器，取出中频信号，再进行中频放大或滤波等，然后进行解调（Demodulation，也称检波 Detection），最后送到听筒或扬声器，将调制后的音频电流转变为声能，进而发出声音。

由上可以看出无线通信系统的基本组成,其中高频电路部分的基本内容应该包括以下内容。

(1) 高频振荡器(信号源、载波振荡器及本地振荡器)。

(2) 放大器(高频小信号放大器及高频功率放大器)。

(3) 混频器/变频器(高频信号变换或处理)。

(4) 调制器/解调器(高频信号变换或处理)。

另外,在无线通信系统中,为了改善某些性能指标,需要用到各种类型的反馈控制电路,使系统的参数达到所需要的精度,或按一定的规律变化。根据控制对象参量的不同,反馈控制电路有3类。

(1) 自动增益控制(AGC),主要用于接收机中,以维持整机输出恒定,不受外来信号变化的影响。

(2) 自动频率微调电路(AFC),为保持该设备的工作频率稳定。

(3) 自动相位控制电路(APC),用于锁定相位,又称锁相环路,简称PLL。

无线通信系统的类型很多,可以根据传输方法、频率范围、用途等来分类。根据结构中关键部分的不同特性,有下述4种类型。

(1) 按照工作频段或传输手段分为中波通信、短波通信、超短波通信和卫星通信等。所谓工作频率是指发射和接收的射频频率(RF),射频是指适合无线电发射和传播的频率,是高频的广泛含义。

(2) 按照通信方式分为单工、半双工和全双工方式。所谓单工通信,即只能发射或接收的方式;半双工通信是可以发射也可以接收但是不能同时收发的通信方式;全双工通信是一种可以同时发射和接收的通信方式。

(3) 按照调制方式的不同分为调幅、调频、调相及混合调制等。

(4) 按照传送消息的类型分为模拟通信和数字通信,或可以分为语音通信、图像通信、数据通信和多媒体通信。

小贴士

人类通信的历史可以追溯到远古时代,文字、信标、烽火及驿站等作为主要的通信方式。电通信的发展历史从1837年美国人莫尔斯发明人工电报装置开始,至今不过170年。

1.2 高频电子技术研究对象

高频电子技术是电子信息、通信等电子类专业的一门基础必修课,通过上述分析,可以看出一个高频电路系统应由信号输入变换器、发送设备、传输信道、接收设备和输出变换器5个基本部分组成,如图1.2所示。

它主要研究的对象是通信系统中的发送设备和接收设备的各种高频电路的功能、原理

图 1.2　高频电路系统框图

和基本组成。

输入变换器的功能是将输入信息变换为电信号，当输入信息本身就是电信号时，在能满足发送设备要求的条件下，可不用输入变换器，直接将电信号送给发送设备。输入变换器输出的电信号应反映输入的全部信息，通常称此信号为基带信号。传输信道是信号传输的通道，可以是平行线、同轴电缆或光缆，也可以是传输无线电波的自由空间或传送声波的水等。输出变换器的功能是将接收设备输出的电信号变换成原来的信息，如声音、文字图像等。

 小贴士

有线通信系统——利用导线传送信息；无线通信系统——利用电磁波传送信息；光纤通信系统——利用光导纤维传送信息；在无线模拟通信系统中，信道便是指自由空间。

本　章　小　结

本章介绍了通信系统的组成，包括发送模块和接收模块，并对通信系统的高频电路部分进行了简单的概括和介绍，给出了高频电子技术课程的主要研究对象，即通信系统中的发送设备和接收设备的各种高频电路的功能、原理和基本组成，并通过系统框图介绍了高频电路系统各主要模块的功能。

思考题与练习题

1.1　通信系统由哪些部分组成？各部分的作用是什么？

1.2　什么是"高频"信号？无线通信为什么要采用高频信号？

1.3　基带信号、高频载波信号和已调信号有什么差别？

1.4　简述高频电子技术的研究对象是什么。

1.5　常用的高频电路集成化技术有哪些？其特点如何？

第 2 章 高频电路基础知识

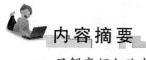

内容摘要

- 了解高频电路中常用的概念和术语。
- 了解无线电波的传播特性、无线电波频(波)段的划分。
- 了解常见电子元器件的高频电路特性。
- 掌握串、并联谐振回路谐振频率、谐振曲线、品质因数、谐振电阻等特性参数的意义及计算。
- 了解几种高频电路中无源网络的高频特性。

本章知识结构

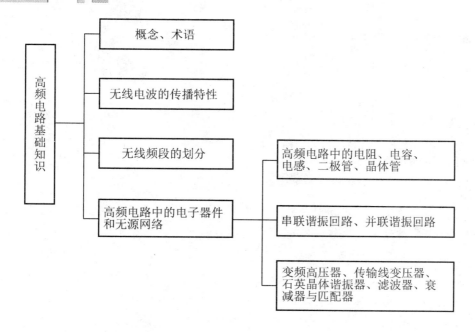

导入案例

案例一：认识元器件

通过实物图片认识常见元器件。图2.1所示是电阻实物图，图2.2所示是电容实物图，图2.3所示是电感实物图。

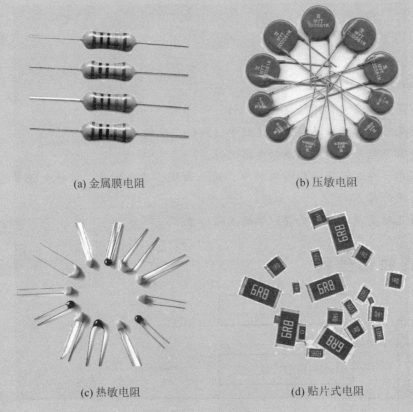

(a) 金属膜电阻　　　　　　　(b) 压敏电阻

(c) 热敏电阻　　　　　　　(d) 贴片式电阻

图2.1　电阻实物图

案例二：认识变压器

图2.4所示是变压器实物图。变压器是利用电磁感应原理来改变交流电压的装置，其主要构件是初级线圈、次级线圈和铁芯(磁芯)。主要功能有电压变换、电流变换、阻抗变换、隔离、稳压(磁饱和变压器)等。按用途可以分为配电变压器、电力变压器、全密封变压器、组合式变压器、干式变压器、油浸式变压器、单相变压器、电炉变压器、整流变压器等。其中高频变压器是工作频率超过中频(10kHz)的电源变压器，主要用于高频开关电源中作高频开关电源变压器，也有用于高频逆变电源和高频逆变焊机中作高

频逆变电源变压器的。按工作频率高低，可分为5个档次：10～50kHz、50～100kHz、100～500kHz、500～1MHz、1MHz以上。

(a) 独石电容

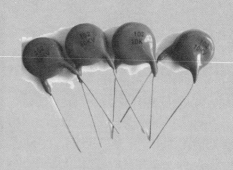

(b) 陶瓷电容

(c) 电解电容

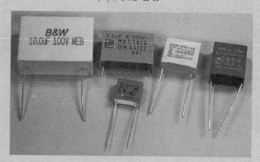

(d) 聚酯膜电容

图2.2 电容实物图

图2.3 电感实物图(包括环形电感、贴片电感、阻流电感)

图2.4 变压器实物图

引言

本章首先将对高频电子线路中常用的概念和术语进行简要介绍。高频电路中使用的电子元器件与低频电路中使用的元器件基本相同,但应该注意其高频特性。本章将介绍电阻、电感、电容等元器件的高频特性,以及其他无源网络在高频电路中的分析与计算方法。

2.1 概念、术语

基带信号:信源(信息源,也称发终端)发出的没有经过调制(进行频谱搬移和变换)的原始电信号。其特点是频率较低,信号频谱从零频附近开始,具有低通形式。

载波:载波或者载频(载波频率)是一个物理概念,其实就是一个特定频率的无线电波,单位为赫兹(Hz)。在无线通信技术上我们利用载波传递信息,将数字信号调制到一个高频载波上,然后再在空中发射和接收。所以载波是传送信息(话音和数据)的物理基础,最终的承载工具。形象地说,载波就是一列火车,用户的信息就是货物。

调制：调制就是对信号源的信息进行处理加到载波上，使其变为适合于信道传输的形式的过程，就是使载波随信号而改变的技术。调制是通过改变高频载波即消息的载体信号的幅度、相位或者频率，使其随着基带信号幅度的变化而变化来实现的。

解调：解调则是将基带信号从载波中提取出来以便预定的接收者(也称为信宿)处理和理解的过程。

超外差接收机：包括一个本机振荡器，它产生的高频信号与所接收的高频信号混合而产生一个差频，这个差频就是中频。如要接收的信号是 900kHz，本振频率是 1365kHz，两频率混合后就可以产生一个 465kHz 或者 2200kHz 的差频。接收机中用 LC 电路选择 465kHz 作为中频信号。因为本振频率比外来信号高 465kHz 所以叫超外差。超外差接收机无须对接收机电路进行调谐，只需对混频器的选频输入回路和本机振荡器进行同步调谐，调谐容易。

小贴士

超外差原理最早是由 E. H. 阿姆斯特朗于 1918 年提出的，1919 年利用超外差原理制成超外差接收机。

品质因数：是无功功率的绝对值与有功功率之比，表示一个储能器件(如电感线圈、电容等)、谐振电路中所储能量同每周期损耗能量之比的一种质量指标；电抗元件的 Q 值等于它的电抗与其等效串联电阻的比值；元件的 Q 值越大，用该元件组成的电路或网络的选择性越佳。

谐振：电路中 L、C 两个元件的能量相等，当能量由电路中某一电抗组件释出时，另一电抗组件必吸收相同的能量，此时 L、C 电抗相互抵消，电路表现为纯阻抗。

谐振频率：谐振时其所对应的频率为谐振频率，或称共振频率，谐振频率由电路中的 L 值和 C 值决定。

谐振电阻：谐振时电路的全电阻。

小贴士

发生并联谐振时，谐振电阻达到电路阻抗的最大值。发生串联谐振时，谐振电阻达到电路阻抗的最小值。

2.2 无线电波的传播与频段划分

2.2.1 无线电波的传播特性

无线通信的传输媒体主要是自由空间，由于频率或波长的不同，电磁波在自由空间的传播特性也不同。传播特性是指无线电信号的传播方式、传播距离、传播特点等。无线电信号的传播特性主要根据所处的频段或波段区分。

电磁波从发射天线辐射出去后，经由自由空间到达接收天线的传播途径分为地波(Ground Wave)和天波(Sky Wave)，如图2.5所示。地波又分地面波(电磁波沿地面传播)和空间波(发射和接收天线离地面较高，接收点的电磁波由直射波与地面反射波合成)；天波是经过离地面100～500km的电离层(Ionosphere)反射后，传送到接收点的电磁波。

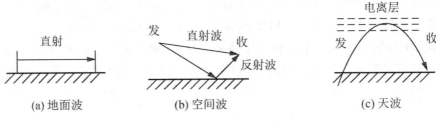

图2.5　电磁波的传播途径

🔍 **小贴士**

在地球上，无线电波的传播介质有地壳、海水、大气等。根据物理性质，可将地球介质由下而上地分为地壳高温电离层、地壳介质岩层、地壳表面导电层、大气对流层、高空电离层。

因电波在传播过程中能量会扩散，接收机只能接收到其中极少的一部分，同时电波的能量会被地面、建筑物和高空的电离层吸收或反射，或在大气层中产生折射、散射等现象，从而造成到达接收机时的强度大大衰减。根据无线电波在传播过程中所发生的现象，电波的传播方式主要有直射(视线)传播、绕射(地波)传播、折射和反射(天波)传播及散射传播等。频率是决定传播方式和传播特点的关键因素。

一般无线电信号的辐射是多方向的，由于地球是一个巨大的球形导体，电波沿地面传播(绕射)时，能量会被吸收，通常是波长越长(或频率越低)，被吸收的能量越少，损耗也越小。因此，中、长波(或中、低频)信号可以以地波方式传播很远，并且很稳定，主要用作远距离通信与导航。

短波无线电信号沿地面传播时，能量损耗很大，导致传播距离很近，远距离传播主要依靠电离层。地球外部距离地面60～500km的大气层，由于空气稀薄，太阳及宇宙射线的辐射很强烈，使空气产生电离，我们称该区域为电离层。射向电离层的无线电波一部分能量被电离层吸收，一部分能量被反射和折射回地面。入射角越大，越容易反射；入射角越小，越容易折射。

🔍 **小贴士**

电离层按高度由下而上地分为D、E、F1和F2等几个主要层次。电离层的高度和电子密度均随季节、昼夜和太阳黑子活动而变化。

在离地面约20km以下范围内的大气层称为对流层。该层的空气密度高,所有的大气现象都发生在这一层,散射现象也主要发生在对流层。散射具有很强的方向性和随机性,接收到的能量与入射线和散射线夹角有关。散射传播有一定的散射损耗,其传播距离约为100~500km,适合频率范围在400~6000Hz之间。

超短波及其频率更高的无线电波,主要沿空间直线传播。为能够传送更远的距离,可以通过架高天线、中继或卫星等方式实现;也可利用对流层对电波的散射作用,使电波传播大大超过视线距离地域。

总之,长波信号以地波绕射为主;中、短波信号以地波和天波两种方式传播,中波以地波为主,短波以天波为主;超短波及以上频段信号大多以直线方式传播,也可采用对流层散射的方式传播。

2.2.2 无线频段的划分

任何信号都有一定的频率和波长,我们这里所讲的无线电信号在电磁波波谱图中的频率或波长,如图2.6所示。

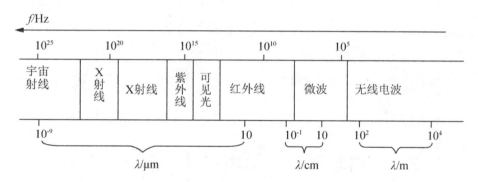

图2.6 电磁波波谱

无线电波只是一种波长较长的电磁波,占据的频率范围很广,波长和频率的关系为

$$c = \lambda f \tag{2.2.1}$$

式中:c为光速;f为电波频率;λ为电波波长。可见无线电波是一种频率相对较低的电磁波。

对频率或波长进行分段,称为频段或波段。不同频段信号的产生、放大和接收的方式不同,传播的能力和方式也不同,因而分析方法和应用范围也不同。无线电波的频段划分见表2-1。

不同频段的信号采用不同的分析和实现方法,如米波以上(含米波,$\lambda \geqslant 1m$)的信号通常用集总(中)参数的方法分析与实现,对于米波以下($\lambda \leqslant 1m$)的信号一般应用分步参数的方法来分析与实现。

表 2-1　无线电波频(波)段划分表

波段名称		波长范围	频率范围	频段名称	主要传播方式、用途	传输媒质
长波(LW)		$10^3 \sim 10^4$ m	30~300kHz	低频(LF)	地波；远距离通信	双线 地波
中波(MW)		$10^2 \sim 10$ m	300kHz~3MHz	中频(MF)	地波、天波；广播、通信、导航	电离层反射同轴电缆地波
短波(SW)		10~100m	3~30MHz	高频(HF)	天波、地波；广播、通信	电离层反射同轴电缆
超短波(VSW)		1~10m	30~300MHz	甚高频(VHF)	直线传播、对流层散射；通信、电视广播、调频广播、雷达	天波 同轴线
微波	分米波(USW)	10~100cm	300MHz~3GHz	特高频(UHF)	直线传播、散射传播；通信、中继与卫星通信电视广播、雷达	视线中继 对流层散射
	厘米波(SSW)	1~10cm	3~30GHz	超高频(SHF)	直线传播；中继与卫星通信、雷达	视线中继 电离层传输
	毫米波(ESW)	1~10mm	30~300GHz	极高频(EHF)	直线传播；微波通信、雷达	视线传输

小贴士

长波传播仅在越洋通信、导航、气象预报等方面采用；中波传播主要用于船舶与导航通信；短波传播主要用于电话电报通信，广播及业余电台；超短波主要用于调频广播、电视，雷达，导航传真、中继、移动通信等。

2.3　高频电路中的电子器件和无源网络

2.3.1　高频电路中的电子器件

高频电路中使用的电子元器件与低频电路中使用的器件基本相同，主要有电阻(器)、电感(器)和电容(器)，它们都属于无源线性元件，而二极管、晶体管和集成器件则属于有源器件，主要完成信号放大、非线性变换等功能。在高频电路中使用这些元器件时应注意其高频特性。

1. 电阻

电阻在低频时表现为纯电阻特性，但是在高频信号电路中，不仅表现为电阻特性，且有电抗特性。所以一个电阻的高频等效电路如图2.7所示，图中 R 为电阻，C_R 为分布电容，L_R 为引线电感。

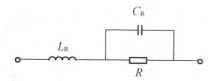

图 2.7　电阻的高频等效特性

电阻的高频特性与其使用的材料、结构尺寸以及封装形式有着密切关系，电阻的高频特性越好，分布电容和引线电感就越小。一般来说，金属膜电阻比碳膜电阻的高频特性好；碳膜电阻比绕线电阻的高频特性好；表面贴装电阻比引线电阻高频特性好；小尺寸的电阻比大尺寸的电阻高频特性好。

由于频率越高，电阻的高频特性越明显，为了在实际使用中体现纯电阻的特性，要尽量减小电阻的高频特性。在高频电路的分析中通常可以忽略电阻的高频特性。

2. 电容

由某种绝缘介质隔开的两个导体构成电容器。电容在实际使用中等效电路如图 2.8 所示。其中 R_C 为极间绝缘介质的电阻，L_C 为分布电感和极间电感，小容量电容的引线电感是其主要组成部分。

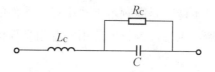

图 2.8　电容的高频等效电路

在高频电路的分析中通常可以忽略电容的高频特性。

3. 电感

高频电感一般是由导线绕制（空心或实心、单层或多层）而成，也称电感线圈，主要参数是电感量。由于导线都有一定的直流电阻，所以高频电感具有直流电阻。高频变压器就是把两个或多个电感线圈以一定的结构形式放置在一起而构成。

工作频率越高，趋肤效应越强，再加上涡流损失、磁滞损耗及电磁辐射引起的能量损失，会使得高频电感的等效电阻（交流电阻）大大增加，且远大于直流电阻，因此，高频电感器的电阻主要是指交流电阻。实际使用中，高频电感的损耗性能用品质因数 Q 来表征，定义为高频感抗值与其串联损耗电阻值之比。Q 值越高，表明电感的感性越强，储能作用也越强，损耗越小。因此，在中高频段，高频电感等效为电感和电阻的串联或并联，如图 2.9(a)、(b)所示。

若工作频率更高，电感线圈的匝与匝之间及各匝与地之间的分布电容作用就十分明显，这时等效电路应考虑电感两端的分布电容，与电感形成并联关系，如图2.9(c)所示。

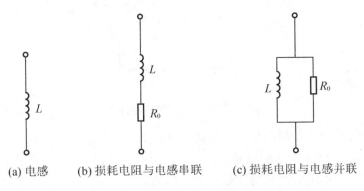

(a) 电感　　(b) 损耗电阻与电感串联　　(c) 损耗电阻与电感并联

图 2.9　电感及其高频等效电路

小贴士

在国际单位制里，电容的单位是法拉[F]，$1\mathrm{F}=10^3\mathrm{mF}=10^6\mu\mathrm{F}$；$1\mu\mathrm{F}=10^3\mathrm{nF}=10^6\mathrm{pF}$。电感单位是亨利[H]，$1\mathrm{H}=10^3\mathrm{mH}=10^6\mu\mathrm{H}=10^9\mathrm{nH}$。

4．有源电子器件

高频电子线路中的有源器件主要有二极管、晶体管及半导体集成器件，与低频电子线路中使用的基本相同，只不过本课程是高频范围，所以对器件的某些性能要求更高。随着半导体和集成电路技术的发展，满足高频技术应用的专用半导体器件已经出现。

1）二极管

二极管在低频电路中主要用于限幅、整流、检波和电路保护等方面；在高频电路中主要用于检波、调制、解调和混频等非线性变换电路中，工作在低电平。

高频电路中主要用到点接触式二极管、表面势垒二极管和变容二极管。前两者利用多数载流子导电机理，它们极间电容小、工作频率高。而变容二极管是指PN结电容（包括扩散电容和势垒电容）随偏置电压而变化，当PN结正偏时，扩散效应起主要作用，反偏时，势垒电容起主要作用。变容二极管在工作时，处于反偏状态，基本不消耗能量，噪声小，效率高。如用于振荡电路中，构成电调谐器或自动调谐电路；用在振荡器中，构成压控振荡器（VCO）。

还有一种磁敏二极管，是由P型、N型和本征型（I）三种半导体构成，又称PIN型二极管。它的高频等效电阻受正向直流电流控制，是一种可变电阻，在高频及微波电路中用作电可控开关、限幅器、电调衰减器或电调移相器。

2）晶体管及场效应管

高频晶体管有两大类：一是小信号放大的高频小功率管，主要要求增益高和噪声低；二是高频功率放大管，要求其在高频有较大的输出功率。目前双极型小信号放大管，工作频率可达千兆赫兹，噪声系数为几分贝。小信号的场效应管也能工作在同样高的频率，且噪声更低。在高频大功率晶体管方面，百兆赫兹以下的频率，双极型晶体管的输出功率可达十几瓦至上百瓦，MOS 型场效应管在千兆赫兹频率上还能输出几瓦功率。

2.3.2 高频电路中的无源网络

高频电路中的无源网络主要有高频振荡回路、高频变压器、谐振器与滤波器等，它们主要的任务是完成信号的传输、频率选择及阻抗变换等。高频电路中还有平衡调制(混频)器、正交调制(混频)器、移相器、匹配器与衰减器、分配器与合路器、定向耦合器、隔离器与缓冲器、高频开关与双工器等。在此仅介绍以下几种高频组件。

1. 高频振荡回路

高频振荡回路是高频电路中应用最广泛的无源网络，也是构成高频放大器、振荡器以及滤波器的主要部件，在电路中主要完成阻抗变换、信号选择等任务，并可直接作为负载使用。

1) 串联和并联谐振回路

高频振荡(谐振)回路由电感和电容组成，通常分为两种类型：串联谐振回路和并联谐振回路，如图 2.10 所示，由于只有一个回路，称其为简单振荡回路。在某一特定频率上回路具有最大或最小的阻抗值，此特性为谐振特性，该特定频率称为谐振频率。

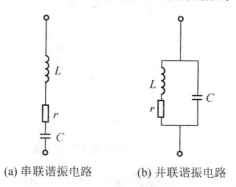

(a) 串联谐振电路　　(b) 并联谐振电路

图 2.10　简单 LC 谐振电路

(1) 串联谐振回路。图 2.10(a)所示为串联谐振回路。图中 r 是电感线圈 L 的串联损耗电阻，C 为等效电容。当信号角频率为 ω 时，串联阻抗为

$$Z_S = r + j\omega L + \frac{1}{j\omega C} = r + j\left(\omega L - \frac{1}{\omega C}\right) \tag{2.3.1}$$

当回路电抗 $X = \omega L - \dfrac{1}{\omega C} = 0$ 时，即感抗与容抗相等，电路产生串联谐振，回路阻抗值最小，流过回路的电流最大。此时的角频率 ω 即谐振频率为

$$\omega_0 = \frac{1}{\sqrt{LC}} \tag{2.3.2}$$

$$f_0 = \frac{\omega_0}{2\pi} = \frac{1}{2\pi\sqrt{LC}} \quad (2.3.3)$$

谐振电流为

$$\dot{I}_0 = \frac{\dot{U}}{r} \quad (2.3.4)$$

回路的品质因数为

$$Q = \frac{\omega_0 L}{r} = \frac{1}{\omega_0 Cr} \quad (2.3.5)$$

在任意频率下的回路电流与谐振电流之比为

$$\frac{\dot{I}}{\dot{I}_0} = \frac{\dfrac{\dot{U}}{Z_S}}{\dfrac{\dot{U}}{r}} = \frac{r}{Z_S} = \frac{1}{1 + jQ\left(\dfrac{\omega}{\omega_0} - \dfrac{\omega_0}{\omega}\right)} \quad (2.3.6)$$

根据上述内容,得出相应的谐振曲线如图 2.11 所示。

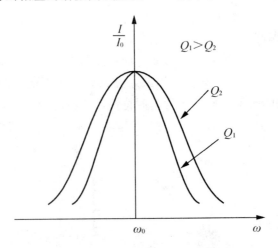

图 2.11 串联谐振回路谐振曲线

当保持外加信号的幅值不变而改变其频率时,将回路电流值下降为谐振值的 $1/\sqrt{2}$ 时,对应的频率范围称为回路的通频带,也称带宽,通常用 B 表示:

$$B = 2\Delta f = \frac{f_0}{Q} \quad (2.3.7)$$

(2) 并联谐振回路。

图 2.10(b)所示为并联谐振回路。并联谐振回路与串联谐振回路为对偶电路,回路阻抗为

$$Z_p = \frac{(r + j\omega L)\dfrac{1}{j\omega C}}{r + j\omega L + \dfrac{1}{j\omega C}} \quad (2.3.8)$$

实际应用中,通常满足 $\omega L \gg r$。根据谐振的定义,谐振时感抗和容抗相等,即 Z_p 的

虚部为零,可得

$$\omega_0 = \frac{1}{\sqrt{LC}}\sqrt{1-\frac{1}{Q^2}} \tag{2.3.9}$$

而品质因数 $Q = \frac{\omega_0 L}{r} = \frac{1}{\omega_0 Cr} \gg 1$,所以当 $\omega_0 = \frac{1}{\sqrt{LC}}$ 时,回路谐振时阻抗最大,谐振电阻 R_0 为

$$R_0 = \frac{L}{Cr} = Q\omega_0 L = \frac{Q}{\omega_0 C} \tag{2.3.10}$$

 小贴士

注意对比:并联谐振回路 $Q = \frac{R_0}{\omega_0 L}$;串联谐振回路 $Q = \frac{\omega_0 L}{r}$。

谐振频率附近的阻抗特性如图 2.12 所示。

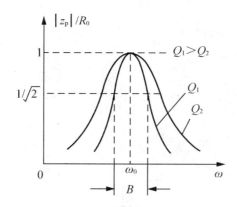

图 2.12 并联谐振回路的阻抗特性

(3) 串并联阻抗的等效互换。串并联阻抗的等效互换是指在工作频率相同的条件下,图 2.13 中 AB 两端的阻抗相等,即

$$r_1 + jX_1 = \frac{R_2 \cdot jX_2}{R_2 + jX_2} \tag{2.3.11}$$

将式(2.3.11)右侧展开,有

$$\frac{R_2 \cdot jX_2}{R_2 + jX_2} = \frac{R_2 \cdot jX_2 \cdot (R_2 - jX_2)}{(R_2 + jX_2)\cdot(R_2 - jX_2)}$$

$$= \frac{R_2 X_2^2}{R_2^2 + X_2^2} + j\frac{R_2^2 X_2}{R_2^2 + X_2^2} \tag{2.3.12}$$

式(2.3.11)、式(2.3.12)的实部、虚部分别相等,则

$$r_1 = \frac{R_2 X_2^2}{R_2^2 + X_2^2}, \quad X_1 = \frac{R_2^2 X_2}{R_2^2 + X_2^2} \tag{2.3.13}$$

计算图 2.13(a)串联回路的品质因数:

$$Q_1 = \frac{X_1}{r_1} \tag{2.3.14}$$

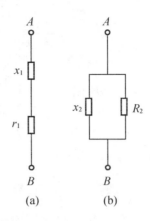

(a)　　　(b)

图 2.13　串并联等效互换电路

将式(2.3.13)代入式(2.3.14)并整理得到

$$Q_1 = \frac{X_1}{r_1} = \frac{R_2}{X_2} = Q_2$$

可见，串并联等效互换后品质因数相等，即 $Q_1 = Q_2 = Q$。

将式(2.3.13)整理，可得

$$r_1 = \frac{R_2 X_2^2}{R_2^2 + X_2^2} = \frac{R_2}{\frac{R_2^2}{X_2^2} + 1} = \frac{R_2}{Q^2 + 1}$$

$$X_1 = \frac{R_2^2 X_2}{R_2^2 + X_2^2} = \frac{X_2}{1 + \frac{X_2^2}{R_2^2}} = \frac{X_2}{1 + \frac{1}{Q^2}}$$

所以

$$R_2 = (Q^2 + 1) r_1 ;$$

$$X_2 = (1 + \frac{1}{Q^2}) X_1 。$$

如果 $Q \gg 1$，则串并联等效互换中各参数之间的关系为

$$R_2 \approx Q^2 r_1 \tag{2.3.15}$$

$$X_2 = X_1 \tag{2.3.16}$$

2) 抽头并联振荡回路

激励源或负载与回路电感(或电容)部分连接构成的并联振荡回路，即抽头并联振荡回路。通过改变抽头位置或电容分压比来实现回路与信号源的阻抗匹配，或者进行阻抗变换。常见的几种振荡回路型式如图 2.14 所示。

回路参数除了 ω_0、Q 和 R_0 外，引入一个可以调节的因子，称为接入系数 p。定义为与外电路相连的部分电抗与本回路参与分压的同性质的总电抗之比。用电压比可以表示为

$$p = \frac{U}{U_T} \tag{2.3.17}$$

在电路分析过程中通常按下式计算：

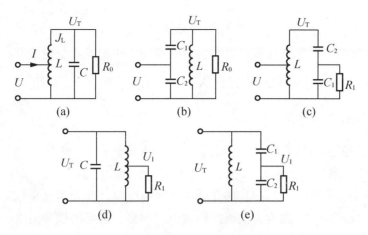

图 2.14 几种常见抽头耦合电路

$$p = \frac{\text{转换前的圈数(容抗)}}{\text{转换后的圈数(容抗)}}$$

因此,又把接入系数称为电压比或变比。

在高频功率放大器中通常使用变压器实现阻抗匹配。图 2.15 所示为常见的变压器耦合电路,电感 L_1 及 L_2 缠绕在同一个磁芯上,等效为理想变压器。

由能量守恒原理可知,功率通过理想变压器没有损耗。设变压器左端提供的功率为 P_1,变压器右端负载上获得的功率为 P_2,则 $P_1 = P_2$。

变压器耦合阻抗变换电路左侧等效电路如图 2.16 所示。

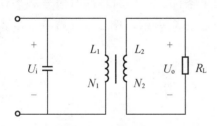

图 2.15 变压器耦合阻抗变换电路

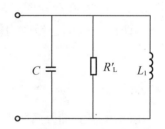

图 2.16 等效电路

$$P_1 = U_i^2 / R_L' \tag{2.3.18}$$

其中,R_L' 为负载 R_L 映射到输入端的等效电阻。

$$P_2 = U_o^2 / R_L \tag{2.3.19}$$

由 $P_1 = P_2$,得

$$R_L' = \frac{U_i^2}{U_o^2} R_L \tag{2.3.20}$$

由变压器的电压变换关系有

$$\frac{U_i}{U_o} = \frac{N_1}{N_2} \tag{2.3.21}$$

故可得

$$R'_L = \left(\frac{N_1}{N_2}\right)^2 R_L \qquad (2.3.22)$$

将上述关系推广到电导、电抗、电容、电流源和电压源等效变换关系，有

$R'_L = \frac{1}{p^2}R_L$；电导 $g'_L = p^2 g_L$；感抗 $X'_L = \frac{1}{p^2}X_L$；容抗 $C'_L = p^2 C_L$

电流源 $I'_g = pI_g$；电压源 $U'_g = \frac{1}{p}U_g$。

注意，对信号源进行折合时的变比是 p，而不是 p^2。

3) 耦合振荡回路

在高频电路中，有时会用到相互耦合的两个振荡电路，其中接激励信号源的回路称为初级回路，与负载相连的回路称为次级回路或负载回路。常见的耦合回路如图 2.17 所示。

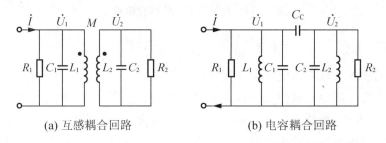

(a) 互感耦合回路　　　　　　(b) 电容耦合回路

图 2.17　常见耦合回路

耦合振荡回路在高频电路中的主要作用：①进行阻抗变换以完成高频信号的传输；②形成更好的频率特性。在应用时，满足两个条件：一是回路都对信号频率调谐；二是都为高 Q 电路。两回路的耦合程度用耦合系数 k 来表示，图 2.17(a) 所示电路的耦合系数为

$$k = \frac{\omega M}{\sqrt{\omega^2 L_1 L_2}} = \frac{M}{\sqrt{L_1 L_2}} \qquad (2.3.23)$$

图 2.17(b) 所示电路的耦合系数为

$$k = \frac{C_C}{\sqrt{(C_1 + C_C)(C_2 + C_C)}} \qquad (2.3.24)$$

2. 高频变压器和传输线变压器

高频电路中的变压器也是有信号传输、阻抗变换和隔绝直流的作用。而传输线变压器是用传输线绕制的变压器，专用在高频电路中，而且工作频带宽。

1) 高频变压器

两个线圈在紧耦合时就构成变压器，若耦合系数近似为 1，变压器的性能接近理想状态。高频变压器与低频变压器的结构基本相同，在忽略了各种损耗和漏感情况下，其电路符号和等效电路如图 2.18 所示。图中 L_s 为漏感，C_s 为变压器的分布电容。

高频变压器以某种磁性材料作公共的磁路，为增加线圈间的耦合，减少损耗，常用磁

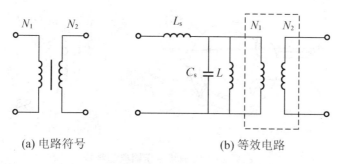

(a) 电路符号　　　　　　　(b) 等效电路

图 2.18　高频变压器电路符号及其等效电路

导率(μ)高、高频损耗小的软磁材料作磁芯,如铁氧体材料(锰锌铁氧体、镍锌铁氧体);用于小信号场合,尺寸小,线圈匝数少,所以磁芯采用环形结构和罐形结构,如图 2.19 所示。

(a) 环形结构　　　(b) 罐形结构　　　(c) 双孔磁芯

图 2.19　高频变压器磁芯结构

在某些高频电路中也用到具有中心抽头的三绕组高频变压器,称为中心抽头变压器,如图 2.20 所示。它可以实现多个输入信号的加或减,在某些端口间有隔离,另一些端口间有最大的功率输出。

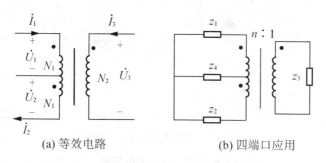

(a) 等效电路　　　　　　　(b) 四端口应用

图 2.20　中心抽头变压器

2) 传输线变压器

传输线变压器典型结构如图 2.21 所示。传输线变压器中的传输线主要是指用来传输高频信号的双导线、同轴线,图 2.21(a)所示就是互相绝缘的双导线结构。

传输线就是两导线间(同轴线内外导体间)的分布电容和分布电感形成的电磁波的传输系统。它的传输信号频率范围很宽,可以从直流到几百、几千兆赫兹。描述传输线的主要参数有波速、波长及阻抗特性。波速、波长表达式为

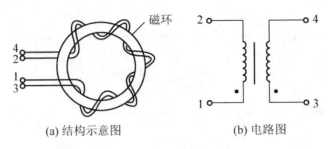

(a) 结构示意图　　　　　　(b) 电路图

图 2.21　传输线变压器典型结构

$$v = \frac{c}{\sqrt{\varepsilon_r}} \tag{2.3.25}$$

$$\lambda = \frac{v}{f} = \frac{\lambda_0}{\sqrt{\varepsilon_r}} \tag{2.3.26}$$

式中：ε_r 为传输线相对介电常数，一般为 2～4。传输线上的波速和波长比自由空间的电磁波波速 c 和波长 λ_0 要小。传输线特性阻抗 Z_C 取决于传输线的横向尺寸（导线粗细、导线间距、介质常数）参数。当传输线端所接的负载电阻值与特性阻抗 Z_C 相等时，传输线上传输行波，且有最大的传输带宽。

从原理上讲，传输线变压器既可以看作是绕在磁环上的传输线，又可以看成是双线并绕的 1∶1 变压器，因此它兼有传输线和高频变压器二者的特点。其工作模式有两种：传输线工作模式和变压器工作模式，如图 2.22 所示。

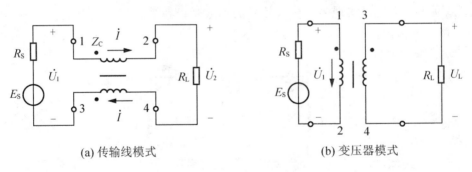

(a) 传输线模式　　　　　　(b) 变压器模式

图 2.22　传输线变压器工作模式

在传输线工作模式下，传输线上任意一点，两导线流过的电流大小相等、方向相反，两导线上电流所产生的磁通只存在于两导线之间，磁芯中没有磁通和损耗。当负载电阻 R_L 和 Z_C 相等而匹配时，两导线间的电压沿线均匀分布。

在变压器工作模式下，信号源加在一个绕组的两端，在初级线圈中有励磁电流，在磁环中产生磁通。由于有磁芯，励磁电感较大，在工作频率上感抗值远大于特性阻抗 Z_C 和负载阻抗，两线圈端口有相同的电压。

传输线变压器在实际应用中两种方式同时存在，通常都做宽带应用。双绞线的传输线变压器上限频率可达 100MHz 左右，同轴线的传输线变压器上限频率会更高。

第2章 高频电路基础知识

变压器(Transformer)是利用电磁感应的原理来改变交流电压的装置，主要构件是初级线圈、次级线圈和铁芯(磁芯)。主要功能有电压变换、电流变换、阻抗变换、隔离、稳压(磁饱和变压器)等。按用途可以分为配电变压器、电力变压器、全密封变压器、组合式变压器、干式变压器、油浸式变压器、单相变压器、电炉变压器、整流变压器等。

3. 谐振器

在高频电路中，石英晶体谐振器是很重要的高频部件，它广泛应用于频率稳定性高的振荡器中，也用于高性能的窄带滤波器和鉴频器。

石英是矿物质硅石的一种，学名 SiO_2，其形状为结晶的六角锥体。它有3个轴：ZZ轴(光轴)、XX轴(电轴)、YY轴(机械轴)。我们按一定方向把晶体切成片，再在晶体的两面制作金属电极，并与底座的插脚相连，最后以金属壳或玻璃壳封装，就构成了石英晶体谐振器，如图2.23所示。

它的基本特性是具有压电效应(Piezoelectric Effect)，可以把机械能转化为电能；反之，也可以把电能转化为机械能。

所谓压电效应，就是当晶体受外力作用而变形时，在它对应的两个面上，产生等量正、负电荷，形成电压；当在晶体两面施加电压时，晶体又会发生机械变形，称为逆压电效应。如果外加电压做交流变化，晶体就会做周期性振动，由于电荷的周期性变化，必然有周期电流流过晶体。由于晶体本身是有弹性的固体，自身有一个固有谐振频率，当外加信号频率在此自然频率附近时，就会发生谐振现象。它既表现为晶片的机械共振，又在电路上表现为电谐振。晶片的谐振频率与晶片的材料、几何形状、尺寸和振动方式有关。

石英晶体谐振器等效电路如图2.24所示。图中 C_0 为石英晶体支架静电容量，C_q、L_q、R_q 代表晶体本身特性，R_q 是机械摩擦和空气阻尼的损耗。由图2.24所示可知，电路有两个谐振频率，一是串联谐振频率为

(a) 外形　　　　(b) 内部结构　　(c) 电路符号

图2.23　石英晶体谐振器

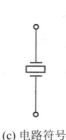

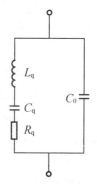

图2.24　石英晶体谐振器等效电路

$$\omega_q = \frac{1}{\sqrt{L_q C_q}} \quad (2.3.27)$$

另外还有一个并联谐振频率为

$$\omega_p = \frac{1}{\sqrt{L_q \dfrac{C_0 C_q}{C_0 + C_q}}} = \frac{1}{\sqrt{L_q C}} \quad (2.3.28)$$

其中：C 为 C_0 和 C_q 串联后的电容。

晶体谐振器与一般振荡回路比较有以下特点。

(1) 晶体谐振频率 ω_q 和 ω_p 非常稳定。这是因为 C_q、L_q、C_0 由晶体尺寸决定，受外界因素影响小。

(2) 晶体谐振器的品质因数 Q 很高。一般容易达到上万的数值，而普通的线圈和回路 Q 值只能到一二百左右。

(3) 晶体谐振器的接入系数非常小，一般为 10^{-3} 数量级，甚至更小。

(4) 晶体在工作频率附近阻抗变化率大，有很高的并联谐振阻抗。

4. 滤波器

高频电路中除了使用谐振回路和耦合回路做选频网络外，还可以用滤波器完成选频作用。常用的滤波器形式有：LC 集中选频滤波器、石英晶体滤波器、陶瓷滤波器和表面声波滤波器。这里主要讨论 LC 型集中选择性滤波器、陶瓷滤波器和表面声波滤波器。

1) LC 型集中选择性滤波器

常用的 LC 型集中选择性滤波器如图 2.25 所示。图 2.25(a)所示为单节 LC 滤波器，图 2.25(b)所示是由 5 节单节滤波器组成，共 6 个调谐回路。该滤波器的传通条件为

$$0 \geqslant \frac{Z_1}{4Z_2} \geqslant -1 \quad (2.3.29)$$

即在通带内，要求阻抗 Z_1 和 Z_2 异号，并且 $|4Z_2| > |Z_1|$。

2) 陶瓷滤波器

利用某些陶瓷材料的压电效应构成的滤波器，称为陶瓷滤波器(Ceramic Filter)，如锆钛酸铅［$Pb(ZrTi)O_3$］压电陶瓷材料两面加高温烧制成银电极，再经直流高压极化即成。具有与石英晶体类似的特性，用做滤波器的优点：制作容易，易于小型化；耐热性、耐湿性较好，很少受外界条件影响。它的等效品质因数 Q_L 为几百，比 LC 滤波器高，但比石英晶体滤波器低。

单片陶瓷滤波器的电路符号和等效电路图与石英晶体谐振器相同。通常应用在中频放大器中的发射极电路，取代旁路电容器。

如将陶瓷滤波器连成如图 2.26 所示的形式，即构成四端陶瓷滤波器。图 2.26(a)所示为两个谐振子连接成的四端陶瓷滤波器，图 2.26(b)所示为 5 个谐振子连接成的四端陶瓷滤波器。谐振子数目越多，滤波器的性能越好。

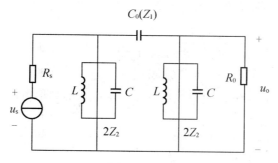

(a) 单节LC滤波器

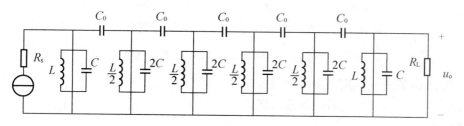

(b) LC式集中选择性滤波器

图2.25 LC型集中选择性滤波器

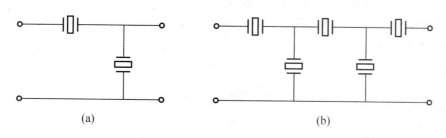

(a)　　　　　　　　　　　(b)

图2.26 四端陶瓷滤波器

3）表面声波滤波器

表面声波(Surface Acoustic Wave)是利用局部扰动产生一种通过固体介质内部和沿表面传送的波。

小贴士

与模拟滤波器相对应，在离散系统中广泛应用数字滤波器。它的作用是利用离散时间系统的特性对输入信号波形或频率进行加工处理。数字滤波器一般可以用两种方法来实现：一种方法是用数字硬件装配成一台专门的设备；另一种方法就是直接利用计算机软件来实现。

5. 衰减器与匹配器

衰减器是对电信号的一种衰减作用，匹配器是保证两个高频线路能正确连接。在高频电路中,器件的终端阻抗和线路的匹配阻抗有 50Ω 和 75Ω 两种。

1) 高频衰减器

高频衰减器分为高频固定衰减器和高频可变(调)衰减器两种。通常选用电阻性网络、开关电路或 PIN 二极管等实现。构成高频固定衰减器的电子型网络的形式有 T 型、Π 型(如图 2.27 所示)、O 型、L 型、U 型等,具体固定电阻的数值可由相应公式计算。

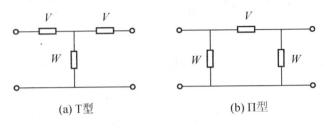

图 2.27　高频衰减器 T 型、Π 型网络

将固定衰减器中的固定电阻换成可变电阻或者用开关网络就构成可变衰减器。衰减量可由外部电信号来控制,又称电调衰减器,主要用在功率控制、自动电平控制和自动增益控制电路中。

2) 高频匹配器

如果两部分高频电路直接相连,阻抗必须匹配,否则需要用高频匹配器或阻抗变换器连接。常用的匹配器或阻抗变换器是 50～75Ω 变换器,有电阻衰减器型和变压器变换型两种方式。

本 章 小 结

1. 给出了高频电子技术常用的概念、术语。

2. 介绍了无线电波的 3 种传播方式地面波、空间波和天波的传播特性、特点和应用场合;介绍了无线电波的频段划分,包括波段名称、波长范围、频率范围、波段名称、主要传播方式及用途、传输媒质等内容。

3. 对比了电阻、电容、电感、二极管、晶体管和场效应管等电子器件的高频和低频特性,介绍了它们在高频电子线路中的分析方法。

4. 介绍了串并联谐振回路、抽头并联振荡回路、耦合振荡回路等高频振荡电路的参数、特性和分析方法;并简单介绍了高频变压器和传输线变压器、谐振器、滤波器、衰减器和匹配器的基本理论和特性。

思考题与练习题

2.1 地波传播、天波传播和直线传播的传送频率范围是多少?

2.2 已知LC串联谐振回路 $f_0 = 1.5\text{MHz}$,$C = 100\text{pF}$,$r = 5\Omega$,求谐振回路的 L 和 Q。

2.3 已知LC并联谐振回路 $f_0 = 30\text{MHz}$,$L = 1\mu\text{H}$,$Q_0 = 100$,求谐振回路的谐振电阻 R_p 及电容 C 的值。

2.4 电路如图2.28所示。已知 $L = 0.8\mu\text{H}$,$Q_0 = 100$,$C_1 = C_2 = 20\text{pF}$,$C_i = 5\text{pF}$,$R_i = 10\text{k}\Omega$,$R_L = 5\text{k}\Omega$,求回路谐振频率、谐振阻抗、有载品质因数及通频带。

2.5 并联谐振回路如图2.29所示。已知通频带 $B = 6\text{MHz}$,$C = 20\text{pF}$,$R_0 = 10\text{k}\Omega$。

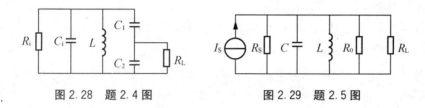

图2.28 题2.4图   图2.29 题2.5图

2.6 电路如图2.30所示。已知 $L_1 = L_2 = 100\mu\text{H}$,$R_1 = R_2 = 5\Omega$,$M = 1\mu\text{H}$,$\omega_1 = \omega_2 = 10^7\text{rad/s}$,电路处于全谐振状态。求两回路的耦合系数及耦合回路的相对通频带。

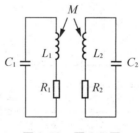

图2.30 题2.6图

2.7 传输线变压器与普通变压器相比,其主要特点是什么?

2.8 说明陶瓷滤波器和表面声波滤波器的工作特点。

第 3 章
高频小信号放大器

内容摘要

- 了解调幅的概念、特点和工作方式。
- 了解谐振回路的工作方式。
- 了解调幅广播发射机的组成、直接放大式接收机的组成。
- 掌握晶体管高频小信号 Y 参数等效模型、理解 π 参数等效模型。
- 掌握单调谐回路谐振放大器的 Y 参数模型和简化模型分析。
- 理解高频放大器的选择性。
- 理解高频放大器及电路中噪声的来源与产生。

本章知识结构

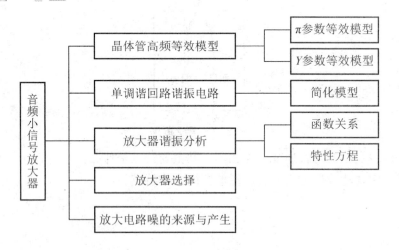

导入案例

案例一

我们在观看一些反映 20 世纪七八十年代陕北人民生活的老电影时，常常能够看到在一望无际的戈壁滩上一个上了年纪的老人和一群绵羊的背景。老人手上拿着一个收音机，此时画外音响起"中央人民广播电台中波××××千赫兹"的场景。中央人民广播电台是中国唯一一个覆盖全国的广播电台，中央人民广播电台陕北旧址如图 3.1 所示，北京外景如图 3.2 所示。那么广播节目如何由北京传送到辽阔的祖国大地呢？我们又是如何利用小小的收音机就能收听节目呢？

图 3.1 中央人民广播电台陕北旧址

图 3.2 中央人民广播电台北京新址

案例二

我们日常出行时，有时为了赶时间要"打出租车"，在行驶过程中往往会伴随着地方交通台的各种综艺节目到达目的地，如图 3.3 所示。那么出租车上的收音机又是如何接收到广播电台的节目呢？广播信号经过怎样的转换和处理才以声音的形式出现呢？

图 3.3 出租车上的收音机

案例三

谈到收音机，就简单介绍一下收音机在中国的发展史。1923年，美国人在中国开办了无线电公司播放节目，同时销售收音机。当时的收音机分为两类：矿石收音机和电子管收音机(为什么要强调"矿石"和"电子管"这两个词?)。矿石收音机是通过调节矿石上的金属针来寻找电台的，那电子管收音机是如何工作的？矿石收音机如图3.4所示，电子管收音机如图3.5所示，电子管收音机内部结构如图3.6所示。

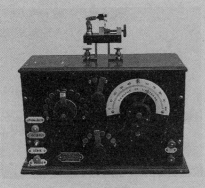
图3.4　矿石收音机

图3.5　电子管收音机

图3.6　电子管收音机内部结构图

引言

收音机在20世纪30年代进入了中国，到20世纪六七十年代得到普遍的推广和应用。有收音机开始，在北方被通俗地称为"话匣子"。即使到现在，一些偏远农村偶尔还有老人这样称呼收音机，在南方收音机最初则被称为"胆机"。

随着工业的发展及电子设备的大量应用，人们生活的周围存在着大量的电子信号，收音机如何在众多微弱电信号中找到自己想要接收的电台呢？

由微弱的电子信号到可以清晰收听到的声音，信号接收的过程必然伴随着信号的放大处理。在晶体管发明之前，一直以来都是采用电子管作为实现信号放大的器件。电子管的结构是一个密封的真空玻璃管，管中由阴极电子发射部分、控制栅极、加速栅极和阳极组成，电子管如图3.7所示。电子管的工作原理：通过电场控制注入栅极的电子来实现信号的放大。但是由于电子管体积大，功耗高，随着晶体管的发明和投入使用，逐渐地退出了历史舞台。近年来，考虑到电子管的低噪声、稳定系数高，一部分音乐发烧友重新对电子管重视起来，特别是在一些高保真的功率放大器中，电子管的应用仍然很广泛。

图3.7 电子管

一个无线通信设备是由一个发射机和一个接收机或多个接收机组成的。随着半导体技术和集成电子技术的发展，晶体管作为放大元件，LC谐振回路作为选频网络的小信号谐振放大器被广泛用于通信设备的发射机和接收机中。谐振回路的使用目的是从众多的微弱信号中选出有用频率的信号并加以放大，对其他无用信号予以抑制。由于放大器输入信号小，小信号谐振放大器中的晶体管工作在线性工作状态，视为线性元件。

 小贴士

晶体管分为NPN型和PNP型两大类，是由PN结组成的。晶体管是通过输入电压控制输出电流的器件，具体知识请看模拟电子技术相关内容。

由于原始的有用信号一般频率较低、幅度较小，如果直接传送在空间中很容易衰减，无法进行远距离传输，这个问题可以通过调制来解决。调制分为调幅、调频和调相，调幅具有一定的代表意义和典型性，应用范围比较广泛。

 小贴士

关于调制的具体讲解，在本书后续章节中有详尽的介绍。

调幅广播发射机的组成如图3.8所示，主振器产生的高频载波信号，经过缓冲、高频放大，再经过振幅调制器实现振幅调制，最后经高频功率放大器，通过天线传输出去，所以人们经常可以在各广播电台处看到高大的天线。

接收机则通常为调幅广播直接放大式接收机，其结构如图3.9所示。接收机通过天线探测空间中的电子信号。由于传输的距离和空间的衰减干扰等作用，接收机从天线得到的

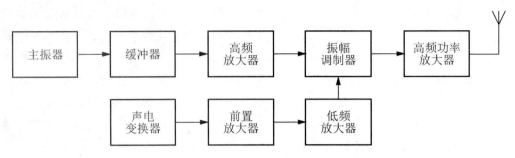

图 3.8　调幅广播发射机组成框图

高频信号非常微弱，一般只有几十微伏到几毫伏，为了提高检波器的检波效果，需要利用高频小信号谐振放大器将选频回路输出的微弱信号放大，最终再通过一系列放大，传送给扬声器以声音的形式出现在人们面前，这个工作方式也是收音机的工作方式。

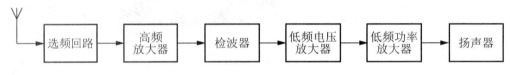

图 3.9　直接放大式接收机组成框图

思考题

现在的数字收音机，是完全的数字吗？选频能数字化吗？

3.1　晶体管高频等效电路分析

在模拟电子技术中，晶体管具有独特的小信号模型。世界第一枚晶体管模型如图 3.10 所示。在高频情况下 PN 结之间的容抗不能忽略。晶体管高频小信号模型有两种分析方法：Y 参数等效模型和混合 π 参数等效模型。Y 参数等效模型是从测量和使用的角度出发，把晶体管看作一个有源线性四端网络，用一组网络参数构成其等效模型，这种等效形式又称为网络参数模型。

小贴士

1947 年 12 月 16 日，威廉·邵克雷（William Shockley）、约翰·巴顿（John Bardeen）和沃特·布拉顿（Walter Brattain）成功地在贝尔实验室制造出第一个晶体管。

混合 π 参数等效模型是从晶体管的物理结构出发，用电阻、电容和受控源表示晶体管内部的复杂关系，这种等效模型又称为物理参数模型。其对应的物理等效电路由于与晶体管实际构造有关，而实际晶体管由于工艺的影响，晶体管之间有一定的差异，因此该模型随着器件不同有不少的差别。

第3章 高频小信号放大器

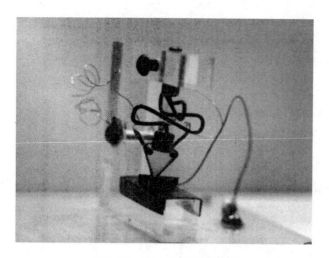

图 3.10 第一枚晶体管模型

 思考题

同一型号的晶体管，实际物理参数相同吗？

在不同的应用领域，晶体管可以等效为不同的参数模型。对于网络参数模型等效的双端网络端口中，四个变量任意选择其中两个为自变量，另外两个为参变量，由排列组合可得六种组合形式，称为六种参数系。常使用的是 H、Y、Z 三种参数系。通信电子电路中通常采用 Y 参数等效形式。其双端网络模型如图 3.11 所示。

对应的，晶体管也可以等效为双端网络模型，如图 3.12 所示。由于晶体管是电流受控元件，因此采用 Y 参数等效模型进行分析。以共射级电路为例，共射极电路组态存在四个变量，以输入电压 U_1、输出电压 U_2 为自变量，基极电流 I_1、集电极 I_2 为参变量。

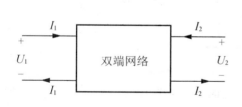

图 3.11 双端网络模型

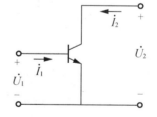

图 3.12 晶体管双端网络模型

设 y_{11} 表示输入自变量对输入端的影响系数，y_{12} 表示输入自变量对输出端的影响系数，y_{21} 表示输出自变量对输入端的影响系数，y_{22} 表示输出自变量对输出端的影响系数。则对应的双端网络方程组为

$$\dot{I}_1 = y_{11}\dot{U}_1 + y_{12}\dot{U}_2$$
$$\dot{I}_2 = y_{21}\dot{U}_1 + y_{22}\dot{U}_2$$

(3.1.1)

或写成矩阵的形式为

$$\begin{bmatrix} \dot{I}_1 \\ \dot{I}_2 \end{bmatrix} = \begin{bmatrix} y_{11} & y_{12} \\ y_{21} & y_{22} \end{bmatrix} \begin{bmatrix} \dot{U}_1 \\ \dot{U}_2 \end{bmatrix} \tag{3.1.2}$$

其中：$y_{11} = y_i = \dot{I}_1/\dot{U}_1 |_{U_2=0} = g_{ie} + j\omega C_{ie}$ 输出短路时的输入导纳；

$y_{12} = y_r = \dot{I}_1/\dot{U}_2 |_{U_1=0}$ 输入短路时的反向传输导纳；

$y_{21} = y_f = \dot{I}_2/\dot{U}_1 |_{U_2=0}$ 输出短路时的正向传输导纳；

$y_{22} = y_o = \dot{I}_2/\dot{U}_2 |_{U_1=0}$ 输入短路时的输出导纳。

则对应的 y 参数模型如图 3.13 所示。

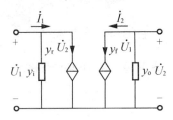

图 3.13 晶体管 Y 参数模型

其中：$y_f U_1$ 表示输入电压 U_1 作用在输出端，所引起的受控电流源效果，代表了晶体管的正向传输能力。正向传输导纳越大，晶体管的放大能力越强；$y_r U_2$ 表示输出电压 U_2 的反馈在输入端所引起的受控电流源效果，代表晶体管的反向传输能力。反馈导纳越大，内部的反馈越强。反馈导纳的存在，给实际工作带来很大的危害，应尽可能减小。

加入信号源和负载后，完整的共射极电路的 Y 参数等效模型如图 3.14 所示。

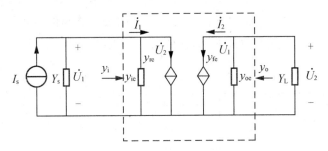

图 3.14 共射极电路的 Y 参数等效模型

小贴士

电流源和电阻的串联等效为电压源和电阻的并联——戴维南、诺顿定理。

对共射极组态，Y 参数用 y_{ie}，y_{re}，y_{fe}，y_{ce} 来表示，即

$$y_{ie} = \dot{I}_1/\dot{U}_1 |_{U_2=0} = g_{ie} + j\omega C_{ie}$$

$$y_{re} = \dot{I}_1/\dot{U}_2 |_{U_1=0} = g_{re} + j\omega C_{re}$$

$$y_{fe} = \dot{I}_2/\dot{U}_1 |_{U_2=0} \approx g_m$$

$$y_{oe} = \dot{I}_2/\dot{U}_2 \mid_{U_1=0} = g_{oe} + j\omega C_{oe}$$

下面是晶体管放大电路 Y 参数等效模型遵循的规则（交流等效规则）。

(1) 直流电压源接地。
(2) 耦合电容、旁路电容短路。
(3) 高频扼流圈开路。
(4) 晶体管用 Y 参数等效。
(5) 确定公共端，按规范整理。

混合 π 参数等效电路模型是根据晶体管物理结构等效生成的，晶体管模型如图 3.15 所示。在高频状态下，各级之间的寄生电容不能忽略，晶体管高频物理模型如图 3.16 所示。

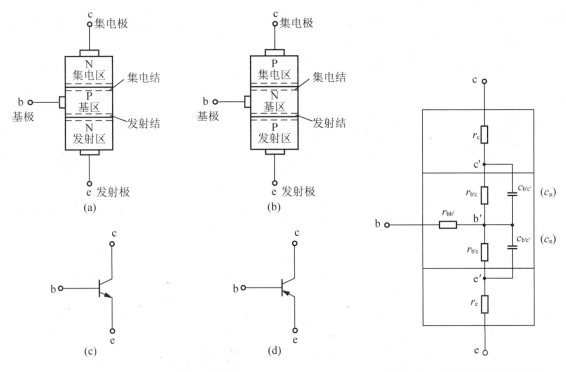

图 3.15　晶体管模型　　　　　　图 3.16　晶体管高频物理模型

其对应的混合 π 参数等效模型如图 3.17 所示。

其中 $r_{bb'}$——基极体电阻，25Ω 量级，在共基级电路中会引入高频负反馈，降低电流放大系数；

$r_{b'e}$——基级－发射级之间的电阻；

$c_{b'e}$——发射结电容，扩散电容；

$g_m V_{b'e}$——受控电流源，其中 $g_m = \beta/r_{b'e}$；

r_{ce}——集电级－发射级之间电阻；

$r_{b'c}$——集电结电阻；

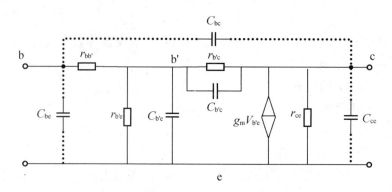

图 3.17 混合 π 参数等效模型

$c_{b'c}$ ——集电结电容。

$r_{b'c}$ 和 $c_{b'c}$ 是高频晶体管潜在的不稳定因素，低频时可以忽略，但在高频时是放大器工作不稳定的主要因素，应该重点关注。

Y 参数模型和 π 参数模型的关系为

$$y_{ie} \approx \frac{g_{b'e} + j\omega C_{b'e}}{1 + r_{bb'}(g_{b'e} + j\omega C_{b'e})} \tag{3.1.3}$$

$$y_{re} \approx -\frac{j\omega C_{b'c}}{1 + r_{b'b}(g_{b'e} + j\omega C_{b'e})}$$

$$y_{fe} \approx \frac{g_m}{1 + r_{b'b}(g_{b'e} + j\omega C_{b'e})}$$

$$y_{oe} \approx j\omega C_{b'c} + \frac{j\omega C_{b'c} r_{b'b} g_m}{1 + r_{b'b}(g_{b'e} + j\omega C_{b'e})}$$

小贴士

β：三极管电流放大倍数。

3.2 单调谐回路谐振放大器

3.2.1 单调谐回路谐振放大器的分析

单调谐回路谐振放大器如图 3.18 所示，单调谐回路放大器是由共射极放大电路和并联谐振回路组成的。其基极直流偏置是由 R_1、R_2 和 R_e 组成的自分压电路实现的，电容 C_b、C_e 是高频旁路电容。输入信号加在晶体管 T_1 的基极和发射极之间，集电极输出，构成了共射极放大电路，R_L 为输出等效负载，U_O 为输出电压。如果构成多级放大电路，U_O 同时也认为是下一级放大电路的输入电压。

第3章 高频小信号放大器

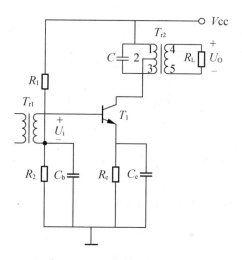

图 3.18　单调谐回路谐振放大器

🔍 **小贴士**

以电容和电感组成的回路为负载，增益和负载阻抗随着频率的变化而变化的放大器——调谐放大器。

将单调谐回路谐振放大器等效为 Y 参数模型，变压器 Tr_1（变压器原理图如图 3.19 所示，常用小型变压器实物图如图 3.20 所示）左侧的输入信号根据诺顿等效原则，等效为一个电流源和一个信号源内阻的并联。

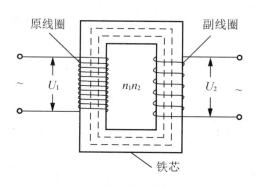

图 3.19　变压器原理图

图 3.20　常用变压器

晶体管采用 Y 参数等效，变压器 Tr_2 右侧的负载 R_L 为下一级放大器的输入导纳 Y_{ie2}，设晶体管 T_1 集电极和发射极谐振回路等效负载为 Y_L'，其 Y 参数模型如图 3.21 所示。

由 Y 参数模型双端网络方程有

$$\dot{I}_b = y_{ie}\dot{U}_i + y_{re}\dot{U}_c \tag{3.2.1}$$

$$\dot{I}_c = y_{fe}\dot{U}_i + y_{oe}\dot{U}_c \tag{3.2.2}$$

在实际分析中，通常采用简化分析法。简化模型中，设晶体管 $y_{re}=0$，其对应简化的

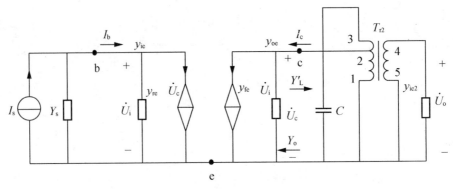

图 3.21 单调谐回路谐振放大器 y 参数等效模型

等效电路如图 3.22 所示。

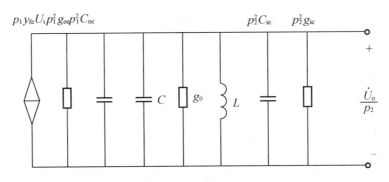

图 3.22 简化模型

集电极电流为

$$\dot{I}_c = -\dot{U}_c Y'_L \tag{3.2.3}$$

将式(3.2.3)代入式(3.2.2)得

$$\dot{I}_c = y_{fe}\dot{U}_i + y_{oe}\dot{U}_c \tag{3.2.4}$$

所以

$$\dot{U}_c = -\frac{y_{fe}}{y_{oe} + Y'_L} \cdot \dot{U}_i \tag{3.2.5}$$

由于变压器 T_{r2} 的存在，根据变压器接入系数变换公式有

$$p_1 = \frac{N_{12}}{N_{13}} \tag{3.2.6}$$

$$p_2 = \frac{N_{45}}{N_{13}} \tag{3.2.7}$$

则有

$$\frac{\dot{U}_c}{\dot{U}_o} = \left(\frac{N_{12}}{N_{45}}\right) = \frac{N_{12}N_{13}}{N_{45}N_{13}} = \frac{p_1}{p_2} \tag{3.2.8}$$

电压放大倍数定义 $\dot{A}_u = \dfrac{\dot{U}_o}{\dot{U}_i}$ 可知

$$\dot{A}_u = \frac{\dot{U}_o}{\dot{U}_i} = \frac{p_2}{p_1} \cdot \frac{\dot{U}_c}{\dot{U}_i} = -\frac{p_2 y_{fe}}{p_1 (y_{oe} + Y'_L)} \qquad (3.2.9)$$

设由发射极 e 和集电极 c 两端向右看的导纳为 Y'_L，则由导纳接入系数公式有

$$Y'_L = \frac{Y_L}{p_1^2} \qquad (3.2.10)$$

$$\dot{A}_u = \frac{\dot{U}_o}{\dot{U}_i} = \frac{p_2}{p_1} \cdot \frac{\dot{U}_c}{\dot{U}_i} = -\frac{p_2 y_{fe}}{p_1 \left(y_{oe} + \dfrac{Y_L}{p_1^2}\right)} \qquad (3.2.11)$$

$$Y_L = g_0 + j\omega C + \frac{1}{j\omega L} + p_2^2 y_{ie} = j\omega C + \frac{1}{j\omega L} + p_2^2 (g_{ie} + j\omega C_{ie}) \qquad (3.2.12)$$

由于

$$y_{oe} = g_{oe} + j\omega C_{oe} \qquad (3.2.13)$$

代入 $\dot{A}_u$ 得

$$\dot{A}_u = \frac{-p_1 p_2 y_{fe}}{p_1^2 y_{oe} + Y_L} = \frac{-p_1 p_2 y_{fe}}{(g_0 + p_1^2 g_{oe} + p_2^2 g_{ie}) + j\omega(C + p_1^2 C_{oe} + p_2^2 C_{ie}) + \dfrac{1}{j\omega L}} \qquad (3.2.14)$$

令

$$g_\Sigma = g_0 + p_1^2 g_{oe} + p_2^2 g_{ie}$$
$$C_\Sigma = C + p_1^2 C_{oe} + p_2^2 C_{ie} \qquad (3.2.15)$$

则有

$$\dot{A}_u = -\frac{p_1 p_2 y_{fe}}{g_\Sigma + j\omega C_\Sigma + \dfrac{1}{j\omega L}} \qquad (3.2.16)$$

小贴士

频偏：与谐振频率相对偏移的大小。

该电路的谐振频率 f_0，频偏 Δf，有载品质因数 Q_L 为

$$f_0 = \frac{1}{2\pi\sqrt{LC_\Sigma}} \qquad (3.2.17)$$

$$\Delta f = f - f_0 \qquad (3.2.18)$$

$$Q_L = \frac{\omega_0 C_\Sigma}{g_\Sigma} \approx \frac{1}{\omega_0 L g_\Sigma} \qquad (3.2.19)$$

当 $f = f_0$，频偏 $\Delta f = 0$ 时放大器处于谐振状态，即 $j\omega_0 C_\Sigma + \dfrac{1}{j\omega_0 L} = 0$ 时的谐振电压放大倍数为

$$\dot{A}_{uo} = -\frac{p_1 p_2 y_{fe}}{g_\Sigma} = -\frac{p_1 p_2 y_{fe}}{g_p + p_1^2 g_{oe} + p_2^2 g_{ie}} \qquad (3.2.20)$$

其模为

$$|\dot{A}_{uo}| = \frac{p_1 p_2 |y_{fe}|}{g_\Sigma} = \frac{p_1 p_2 |y_{fe}|}{g_p + p_1^2 g_{oe} + p_2^2 g_{ie}} \qquad (3.2.21)$$

由式(3.2.21)可知，放大器谐振时 $\dot{A}_{uo}$ 与回路总电导 g_Σ 成反比，与晶体管正向传输导纳 $|y_{fe}|$ 成正比。晶体管正向传输导纳 $|y_{fe}|$ 越大，电压放大倍数 $\dot{A}_{uo}$ 越大。负号表示输出电压与输入电压存在一个 180°的相位差；晶体管正向导纳 y_{fe} 本身是一个复变量，存在相角 Φ_{fe}，所以实际输入输出之间的相位差为 $\Phi_{fe} - 180°$。只有当工作频率较低时，晶体管正向导纳的相位角才为零度。

3.2.2 放大器的谐振曲线

放大器的谐振曲线表示的是放大器的相对电压增益与输入信号频率之间的关系。其函数关系可表示为 $K(A) = F(\omega)$。

小贴士

$K(A) = F(\omega)$ 函数关系，指的是放大倍数与输入信号角频率之间的关系。

根据式(3.2.16)可知

$$\begin{aligned}\dot{A}_u &= -\frac{p_1 p_2 y_{fe}}{g_\Sigma + j\omega C_\Sigma + \dfrac{1}{j\omega L}} \\ &= -\frac{p_1 p_2 y_{fe}}{g_\Sigma \left[1 + \dfrac{1}{g_\Sigma}\left(j\omega C_\Sigma + \dfrac{1}{j\omega L}\right)\right]} \\ &= -\frac{p_1 p_2 y_{fe}}{g_\Sigma} \cdot \frac{1}{\left[1 + \dfrac{1}{g_\Sigma}\left(j\omega C_\Sigma + \dfrac{1}{j\omega L}\right)\right]}\end{aligned} \qquad (3.2.22)$$

将式(3.2.20)代入得

$$\begin{aligned}\dot{A}_u &= -\frac{\dot{A}_{u0}}{\left[1 + \dfrac{1}{g_\Sigma}\left(j\omega C_\Sigma + \dfrac{1}{j\omega L}\right)\right]} \\ &= -\frac{\dot{A}_{u0}}{\left[1 + j\dfrac{1}{\omega_0 L g_\Sigma}\left(\omega C_\Sigma \omega_0 L - \dfrac{\omega_0 L}{\omega L}\right)\right]}\end{aligned} \qquad (3.2.23)$$

由于在谐振状态下有 $\omega_0 C_\Sigma - \dfrac{1}{\omega_0 L} = 0$，所以电压放大倍数为

$$\dot{A}_u = -\frac{\dot{A}_{u0}}{1 + jQ_L\left(\dfrac{\omega}{\omega_0} - \dfrac{\omega_0}{\omega}\right)} \qquad (3.2.24)$$

由 $\omega = 2\pi f$ 可得

$$\dot{A}_u = -\frac{\dot{A}_{u0}}{1+jQ_L\left(\dfrac{f}{f_0}-\dfrac{f_0}{f}\right)} \qquad (3.2.25)$$

由 $\Delta f = f - f_0$ 得

$$\dot{A}_u = -\frac{\dot{A}_{u0}}{1+j2Q_L\dfrac{\Delta f}{f_0}} \qquad (3.2.26)$$

令 $\xi = 2Q_L\dfrac{\Delta f}{f_0}$，则

$$\left|\frac{\dot{A}_u}{\dot{A}_{u0}}\right| = \frac{1}{\sqrt{1+\xi^2}} \qquad (3.2.27)$$

式(3.2.27)即为放大器谐振曲线的特性方程。$K(A) = F(f)$ 曲线如图 3.23 所示，$K(A) = F(\xi)$ 曲线如图 3.24 所示。

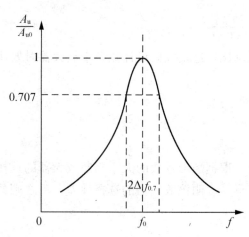

图 3.23 频率与幅度比曲线关系

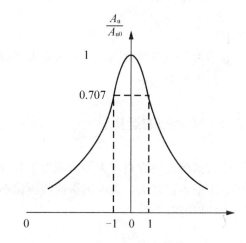

图 3.24 广义失谐与幅度比曲线关系

小贴士

$K(A) = F(f)$ 函数关系，指的是放大倍数与输入信号频率之间的关系。

定义 $\dfrac{A_u}{A_{u0}} = \dfrac{1}{\sqrt{2}}$ 时对应的频带宽度为通频带 B。由图 3.23 所示可知，包括谐振频率 f_0 左右的区域 $2\Delta f_{0.7}$ 为放大器的通频带大小，即 $B = 2\Delta f$。

由通频带定义可知有 $\dfrac{\dot{A}_u}{\dot{A}_{u0}} = \dfrac{1}{\sqrt{1+\xi^2}} = \dfrac{1}{\sqrt{2}}$，则有

$$\xi = 2Q_L\frac{\Delta f_{0.7}}{f_0} = 1 \qquad (3.2.28)$$

$$2\Delta f_{0.7} = \frac{f_0}{Q_L} \qquad (3.2.29)$$

晶体管最高振荡频率为

$$f_{\max} = \frac{\sqrt{g_m}}{4\pi\sqrt{r_{bb'}C_{b'e}C_{b'c}}} \tag{3.2.30}$$

由 $B = 2\Delta f = \dfrac{f_0}{Q_L}$ 和 $Q_L = \dfrac{\omega_0 C_\Sigma}{g_\Sigma}$ 可知

$$g_\Sigma = \frac{\omega_0 C_\Sigma}{Q_L} = \frac{2\pi f_0 C_\Sigma}{\dfrac{f_0}{B}} = 2\pi B C_\Sigma \tag{3.2.31}$$

则电压增益为

$$\dot{A}_{uo} = -\frac{p_1 p_2 Y_{fe}}{g_\Sigma} = -\frac{p_1 p_2 Y_{fe}}{2\pi B C_\Sigma} \tag{3.2.32}$$

可知单调谐放大电路中晶体管确定后，电压增益只与通频带和回路总电容有关。式(3.2.32)还可以写为

$$A_{uo} B = \frac{|Y_{fe}|}{2\pi C_\Sigma} \tag{3.2.33}$$

表示当电路参数设定后带宽与放大倍数成反比，这是我们设计宽频带放大器时要注意的一个很重要的问题。

3.2.3 放大器的选择性

放大器的选择性由放大器的矩形系数决定，根据矩形系数的大小判断放大器的选择性好坏。矩形系数越大，说明谐振曲线越偏离矩形，表明该放大器的选择性差，反之则放大器的选择性好。

小贴士

矩形系数：矩形系数描述了滤波器在截止频率附近响应曲线变化的陡峭程度，它的值是 20dB 带宽与 3dB 带宽的比值。

定义 $\dfrac{A_u}{A_{u0}} = 0.1$ 时对应的频带宽度为 $2\Delta f_{0.1}$，矩形系数为

$$K_{r0.1} = \frac{2\Delta f_{0.1}}{2\Delta f_{0.7}} \tag{3.2.34}$$

由 $\dfrac{A_u}{A_{u0}} = \dfrac{1}{\sqrt{1+\xi_{0.1}^2}} = 0.1$，可得

$$\xi_{0.1} = Q_L \frac{2\Delta f_{0.1}}{f_0} = \sqrt{99} \tag{3.2.35}$$

对应的 $\xi_{0.7} = Q_L \dfrac{2\Delta f_{0.7}}{f_0} = 1$，两者相比可得

$$K_{r0.1} = \sqrt{99} \tag{3.2.36}$$

高频小信号谐振放大器的功率放大倍数为

$$A_{Po} = \left(\frac{U_o}{U_i}\right)^2 = A_{uo}^2 \tag{3.2.37}$$

当单级放大器的电压增益不能达到设计要求时,可采取多级放大的设计方案。其中每一级放大器都调谐在谐振频率上,形成多级联放。

3.2.4 多级放大器的电压增益

多级放大器的电压增益等于每一级电压放大的增益的乘积,即

$$A_N = A_{u1} A_{u2} A_{u3} \cdots A_{uN} \tag{3.2.38}$$

如果每一级放大器的放大倍数相同,则有

$$A_N = (A_{u1})^n \tag{3.2.39}$$

多级放大器的电压的通频带为

$$B_n = 2\Delta f_{0.7} = \sqrt{2^{\frac{1}{n}}-1} \cdot \frac{f_0}{Q_L} = \sqrt{2^{\frac{1}{n}}-1} \cdot B_1 \tag{3.2.40}$$

其中,$\sqrt{2^{\frac{1}{n}}-1}$ 为缩小系数。

表 3-1 为多谐调谐放大器缩小系数与级数的关系。

表 3-1 多调谐放大器缩小系统与级数的关系

级数 n	1	2	3	4	5	6	7	8	9	10
$\sqrt{2^{\frac{1}{n}}-1}$	1.0	0.64	0.51	0.43	0.39	0.35	0.32	0.3	0.28	0.27

设 $B_1=1$ 为第一级通频带带宽,选取 10 级放大器,则其通频带宽度缩减倍数与级数的关系如图 3.25 所示。

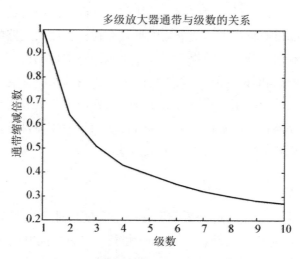

图 3.25 通频带宽度缩减倍数与级数的关系

3.3 放大电路的噪声

1. 什么是噪声

噪声从物理学角度上表示的是发声体做无规则震动时发出的声音。噪声主要分为加性噪声和乘性噪声两类。电子学中的噪声和我们广义上所说的噪声是不同的，日常生活中噪声的危害很大，图 3.26 所示是日常生活中的噪声情况。

图 3.26 日常生活中的噪声

小贴士

噪声是物体做无规则振动时发出的声音，噪声以分贝（dB）为单位。

在电子学领域上，噪声指的是对电路系统所需信号以外的所有信号的总称，其全程存在于电子系统中，以随机变化的电压或电流的形式存在。在放大电路的输出端与输出信号同时存在，噪声在没有输入信号的前提下，在输出端仍能被检测出。放大电路的噪声的来源有两个方面：内部噪声和外部噪声，放大电路主要受内部噪声影响。

内部噪声主要由电路的电阻、晶体管等半导体器件内部所具有的半导体粒子无规则运动所产生的，是由半导体材料决定的。电路中的每一个半导体器件都是一个噪声源，其主要以热噪声、散弹噪声和低频 $1/f$ 噪声的形式体现。

2. 电阻热噪声

电阻内部的自由电子受布朗运动影响，在一定温度条件下，时刻处于无规则的热运动状态。由于正负电子的相对运动在电阻内产生了一定的起伏电流脉冲，体现在电阻两端出现的正负电压，就统计学理论研究在一段时间内电阻两端的正负电压代数和为零，不体现电压效果。但在某一时刻电阻由大量带电粒子所产生的多个起伏电流脉冲相叠加，这就形成了电阻的热噪声电流，从而可以在电阻两端产生随机的噪声电压和噪声功率。

电阻的热噪声是由自由电子的随机运动产生的，因此是一个随机量，只能采用统计理论和功率谱密度的方式进行研究。电阻热噪声作为一种随机信号，它具有极宽的频谱范围，从直流分量一直到 10^{13} Hz 的范围内，电阻热噪声的各频率分量的强度基本相等。

当起伏的电流脉冲流过电阻 R 时，电阻两端会产生噪声电压和噪声功率。若用 $S(f)$ 表示噪声的功率谱密度，单位为 W/Hz，则有

$$S(f) = 4KTR \tag{3.3.1}$$

式中：K 为波耳兹曼常数；T 为热力学温度值。

由于热噪声的功率谱与太阳光的光谱相似，因此将这种均匀的连续的频谱称为白噪声，图 3.27 所示为高斯白噪声频谱图。

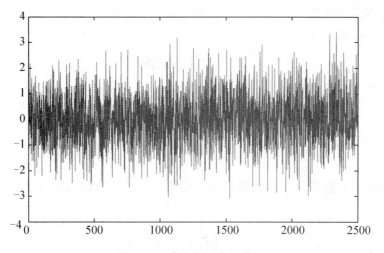

图 3.27　高斯白噪声频谱图

假设热噪声的频谱所占等效带宽为 Δf_n，则电阻热噪声在单位频带内的热噪声电压和热噪声电流的均方值分别为

$$\overline{u_n^2} = 4KTR \cdot \Delta f_n \tag{3.3.2}$$

$$\overline{i_n^2} = 4KTG \cdot \Delta f_n \tag{3.3.3}$$

则电阻的热噪声等效电路如图 3.28 所示，电阻的热噪声现象可以等效为以电阻电压的均方值为电压源与一个无噪声的纯电阻的串联电路模式，或者等效为以电阻电流的均方值为电流源与一个无噪声的纯电阻的并联电路模式。

3. 晶体管噪声

晶体管噪声来自于四个方面：基极扩散电阻 $r_{bb'}$ 造成的热噪声、基极电流和集电极电流造成的散粒噪声、基极电流流经基极和集电极耗散区产生的闪烁噪声和基区载流子符号

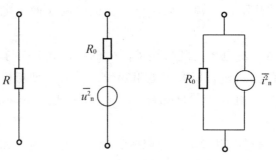

图 3.28　电阻热噪声等效电路

产生的分配噪声,闪烁噪声又叫 $\dfrac{1}{f}$ 噪声,其中热噪声和散粒噪声是晶体管噪声的主要来源。散粒噪声是由于晶体管内部载流子随机地通过 PN 结,即单位时间内通过 PN 结的载流子数目不同,使得通过集电结的电流在平均值上下作随机的起伏变化,其性质与热噪声相似,频谱范围也非常宽。

散粒噪声的电流均方值为

$$\overline{i_{en}^2} = 2qI_E \cdot \Delta f_n \tag{3.3.4}$$

热噪声的电压均方值为

$$\overline{u_{bn}^2} = 4KTr_{bb'} \cdot \Delta f_n \tag{3.3.5}$$

4. 放大器的噪声系数

放大器的噪声系数定义为放大器的输入信噪比 $\left(\dfrac{S}{N}\right)_i$ 与输出信噪比 $\left(\dfrac{S}{N}\right)_o$ 的比值用 P_{nA} N_F 来表示

$$N_F = \dfrac{\left(\dfrac{S}{N}\right)_i}{\left(\dfrac{S}{N}\right)_o} = \dfrac{\left(\dfrac{P_{si}}{P_{ni}}\right)}{\left(\dfrac{P_{so}}{P_{no}}\right)} \tag{3.3.6}$$

或者

$$N_F(\mathrm{dB}) = 10\lg \dfrac{\left(\dfrac{S}{N}\right)_i}{\left(\dfrac{S}{N}\right)_o} = 10\lg \dfrac{\left(\dfrac{P_{si}}{P_{ni}}\right)}{\left(\dfrac{P_{so}}{P_{no}}\right)} \tag{3.3.7}$$

其中 $\left(\dfrac{P_{si}}{P_{ni}}\right)$ 与 $\left(\dfrac{P_{so}}{P_{no}}\right)$ 表示信号输入端的功率之比和信号输出端的功率之比,又整理得

$$N_F = \dfrac{\left(\dfrac{P_{si}}{P_{ni}}\right)}{\left(\dfrac{P_{so}}{P_{no}}\right)} = \dfrac{P_{no}}{P_{ni} \cdot A_P} \tag{3.3.8}$$

其中 $A_P = \dfrac{P_{so}}{P_{si}}$ 为放大器的功率增益,如果用 $P_{noI} = A_P P_{ni}$ 表示噪声经放大器放大后输出的

功率，则有

$$N_F = \frac{P_{no}}{P_{noI}} \qquad (3.3.9)$$

上式表明放大器的噪声系数只与放大器输出端的噪声功率 P_{no} 和 P_{noI} 有关，而与输入信号无关。放大器输出的总的噪声功率为

$$P_n = P_{noI} + P_{no} = A_P P_{ni} + P_{no} \qquad (3.3.10)$$

设噪声总功率用 P_{no} 表示，输入端噪声在放大电路中产生的噪声功率为 P_{noI}，放大电路自身产生的噪声功率为 P_{nA}。则有放大电路噪声总功率

$$P_{no} = P_{noI} + P_{nA} = A_P P_{ni} + P_{nA} \qquad (3.3.11)$$

对于多级放大电路，其噪声系数主要取决于前一、二级，后面各级的噪声系数对总噪声系数的影响不大。

晶体管的噪声在谐振电路中的用处很大，谐振放大电路是一种不需要输入信号，就可以将直流电源的能量转换成稳定的具有一定波长、频率和幅度的交流信号输出。谐振电路通常由两部分组成：选频网络和反馈放大网络，选频网络决定输出信号的频率，选频网络选频的对象是晶体管中的噪声信号。噪声信号因为频段宽，几乎含有需要的所有频率的信号，通过选频网络将需要的信号选出，通过后续的反馈放大信号输出，最终实现稳定交流信号的输出。

起振过程：这些噪声扰动（初始信号）均具有很宽的频谱→通过选频网络→选出某一角频率 ω_{osc}→通过放大、反馈 →V_f→ 如果 V_f 与 V_i 同相，并且具有更大的振幅→ 经过线性放大和反馈的不断循环→振荡电压振幅就会不断增大。

本 章 小 结

高频振荡电路回路分为串联谐振回路和并联谐振回路，其谐振状态下的输出阻抗、谐振频率以及品质因数与其等效模型有关。变压器（线圈）作为高频电子线路常见的输出负载通道，其电路参数等效变换和接入系数有关。三极管是高频电子线路中的常见电子元件，在模拟电子技术中其等效分析采用 H 参数等效模型；在高频电子线路中，因为高频环境的影响，三极管极间电阻、电感、电容的影响不能被忽略，通常由混合 π 参数等效模型和 Y 参数等效模型分析，实际分析中采用 Y 参数等效简化模型进行电路分析。

单调谐回路谐振放大器是由共射级放大器与并联谐振回路组成，放大器的指标与参数采用简化模型分析。多级谐振放大器是由多个单调谐放大电路级联实现的。放大器的选择性与矩形系数有关。

思考题与练习题

3.1 简答题

1. 电子管与晶体管相比有何不同？
2. 晶体管放大电路 Y 参数等效模型遵循的规则是什么？
3. 晶体管高频简化模型与 Y 参数等效模型有何区别？与模拟电路中的 Y 参数等效模型有何区别？
4. 放大器的矩形系数有什么物理意义？
5. 推导串并联谐振网络的阻抗特性。

3.2 填空题

1. 电子管由_____、_____、_____、_____组成。
2. 晶体管高频小信号模型分为_____、_____两种。
3. 晶体管网络模型有_____、_____、_____三种参数系。
4. 变压器接入系数 $P_1 = $ _____，$P_2 = $ _____。
5. 单调谐回路放大器有载品质因数_____。
6. 放大器的通频带为_____。
7. 放大电路的噪声主要来源于_____、_____、_____。
8. 电路中半导体器件的噪声主要体现在_____、_____、_____。
9. 由于热噪声的功率谱与太阳光的光谱相似，因此热噪声又叫_____。
10. 晶体管噪声来自于_____、_____、_____、_____。

3.3 计算题

1. 给定串联谐振回路的 $f_0 = 1.5\text{MHz}$，$C_0 = 100\text{pF}$，谐振时电阻 $R = 5\Omega$，试求 Q_0 和 L_0。若信号源电压振幅 $U_{ms} = 1\text{mV}$，求此种情况下谐振时回路中的电流 I_0。

2. 电路如图 3.29 所示。信号源频率 $f_0 = 1\text{MHz}$，信号源电压振幅 $U_{ms} = 0.1\text{V}$，回路空载 Q 值为 100，r 是回路损耗电阻。将输出端短路，电容 C 调至 100pF 时回路谐振。如将输出端开路后再串接一阻抗 Z_x（由电阻 R_x 与电容 C_x 串联），则回路失谐；C 调至 200pF 时重新谐振，这时回路有载 Q 值为 50。试求电感 L、未知阻抗 Z_x。

3. 并联谐振回路如图 3.30 所示。已知通频带 $B = 2\Delta f_{0.7}$，电容为 C，若回路总电导 $g_\Sigma = g_S + g_P + g_L$。

   (1) 试证明：$g_\Sigma = 4\pi\Delta f_{0.7} C$。
   (2) 若给定 $C = 20\text{pF}$，$2\Delta f_{0.7} = 0.6\text{MHz}$，$R_P = 10\text{k}\Omega$，$R_S = 10\text{k}\Omega$，求 R_L。

4. 在单调谐放大电路中，负载为 LC 并联谐振回路，谐振频率 $f_0 = 6.5\text{MHz}$，$C_\Sigma = 100\text{pF}$，$2\Delta f_{0.7} = 400\text{kHz}$。

   (1) 求回路的电感 L 和 Q_L。

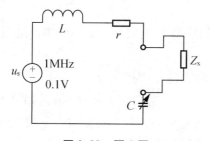

图 3.29 题 2 图

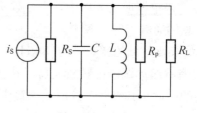

图 3.30 题 3 图

(2) 如将通频带展宽为 800kHz，应在回路两端并接一个多大的电阻？

5. 单级小信号谐振放大器的交流等效电路如图 3.31 所示。要求谐振频率 $f_0 =$ 9.5MHz，通频带 $B = 500$kHz，谐振电压增益 $A_{VO} = 80$，在工作点和工作频率上测得晶体管的 Y 参数为 $y_{ie} = (2+j0.5)$ms，$y_{re} \approx 0$，$y_{fe} = (20-j5)$ms，$y_{oe} = (0.15+j0.14)$ms，如果线圈品质因数 $Q_0 = 60$，计算谐振回路参数 L、C 和外接电阻 R 的值。

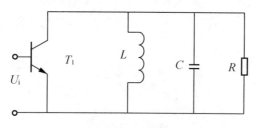

图 3.31 题 5 图

6. 单调谐回路放大器如图 3.32 所示。设负载是与该放大器完全相同的下一级放大器，BJT 的参数为：$g_{ie} = 2.5 \times 10^{-3}$S，$g_{oe} = 2.5 \times 10^{-4}$S，$|y_{fe}| = 0.06$S，$C_{ie} = 25$pF，$C_{oe} = 6$pF，$N_{12} = 24$，$N_{13} = 32$，$N_{45} = 8$，$L_{13} = 1\mu$H，$C = 15$pF，$Q_0 = 150$。

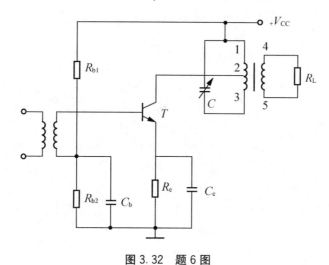

图 3.32 题 6 图

(1) 画出其高频等效电路。

(2) 计算 f_0，Av，$2\Delta f_{0.7}$。

7．在三级单调谐放大器中，中心频率为 465kHz，每个回路的 $Q_L=100$，试问：

(1) 总的通频带等于多少？

(2) 如果要使总的通频带为 80kHz，则允许最大的 Q_L 为多少？

8．设有一级单调谐中频放大器，其增益 $A_{V0}=10$，通频带 $B=4$MHz，如果再用一级完全相同的中放与其级联，这时，两级中放的总增益和通频带各是多少？若要求级联后的总频带为 4MHz，问每级放大器应怎样改动？改动后的总增益是多少？

9．一单调谐谐振放大器，集电极负载为并联谐振回路，其固有谐振频率 $f_0=6.5$MHz，回路总电容 $C=56$pF，回路通频带 $BW_{0.7}=150$kHz。

(1) 求回路调谐电感、品质因数。

(2) 求回路频偏 $\Delta f=600$kHz 时，对干扰信号的抑制比 d。

第4章 高频功率放大器

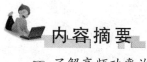
内容摘要

- 了解高频功率放大器的特点和分类。
- 了解高频功率放大器的工作方式。
- 掌握丙类功率放大器理论模型。
- 掌握丙类功率放大器信号的传递变化。
- 掌握丙类功率放大器集电极电流信号波形的变化。
- 理解丙类功率放大器负载特性。
- 理解D类工作放大器工作原理。

本章知识结构

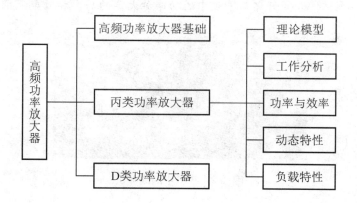

■ 导入案例

案例一

当前很多音乐发烧友开始使用以电子管为核心的功放，如图4.1所示。如果把一套音响比作一个人体，功放就是人体的心脏，那么什么是衡量一套音响设备优劣的标准呢？其中功率放大器是很重要的一个方面。

图4.1 电子管功放

案例二

当前市场上有众多品牌的手机，有些品牌的手机信号好一些，有些品牌的手机信号差一些，还有某品牌手机号称"手机中的战斗机"，如图4.2所示，以表明自己品牌手机信号的强劲。手机信号的好坏与手机中的功率放大器的功率和效率有很大的关系。

图4.2 手机中的战斗机

✓ 引言

高频功率放大器与低频功率放大器的共同特点都是输出功率大、效率高。它们的区别在于高频功率放大器的工作频率高（几百千赫兹到几万兆赫兹），但是相对频带宽度很窄；低频功率放大器的工作频率低（20Hz到20kHz），但是相对频带宽度很宽。

小贴士

20Hz 到 20kHz 为音频信号频率。

高频功率放大器与低频功率放大器的负载网络和工作状态也不同,高频功率放大器工作于丙类工作状态,输出功率和效率高。为了解决丙类工作状态电流波形失真大的缺点,采用谐振回路作负载,利用谐振回路的滤波能力减小波形失真。

小贴士

高频功率放大器是相对于低频功率放大器而言的,其作用是放大已经调制的高频信号,以满足发送功率的要求。

高频功率放大器是无线发射机的重要组成部分。由第3章"调幅广播发射机"组成可知,主振器产生的高频载波信号功率很小,需要经过高频小信号放大器的放大,而后经过振幅调制的调制信号再经过高频功率放大器实现功率的放大,获得足够的高频功率后才能通过天线发射出去。

4.1 高频功率放大器的基础知识

4.1.1 什么是功率放大器

功率放大器实质上是一个能量转换器,把电源供给的直流能量转化为交流能量,能量转换的能力即为功率放大器的效率。功率放大器可以分为非谐振放大器和谐振功率放大器两类。

非谐振放大器可分为低频功率放大器和宽带高频功率放大器。低频功率放大器的负载为无调谐负载,工作在甲类或乙类工作状态;宽带高频功率放大器以宽带传输线为负载。谐振功率放大器通常用来放大窄带高频信号,其工作状态通常选为丙类工作状态,为了不失真的放大信号,它的负载必须是谐振回路。

小贴士

调谐负载:是指负载为一个电容电感组成的调谐回路。

高频功率放大器放大的对象具有较高的频率,同时要求输出的功率较高、效率较高。高频功率放大器根据输出的不同范围,有不同的用途。从手机、对讲机的几百毫瓦到无线电广播的几十千瓦。

小贴士

频谱是频率的分布曲线，幅值按频率排列的图形叫做频谱图。

高频功率放大器是如何实现功率放大的呢？我们在模拟电子技术中学习了三极管放大电路，三极管放大电路是通过小信号控制放大电路，根据能量守恒的原理实现能量传输、信号放大的。高频功率放大电路采用同样的原理，利用小功率的输入信号控制功率放大器，根据能量守恒原理，将直流电源提供的能量转换为大功率的高频信号能量。也就是说，在信号经过高频放大器前后，改变的只有信号的功率，它的频谱没有任何变化。

谐振功率放大器的特点如下。

（1）放大管是高频大功率晶体管，（图4.3所示为普通三极管和大功率三极管），能承受高电压和大电流。

图4.3 普通三极管与大功率三极管

（2）输出端负载回路为调谐回路，既能完成调谐选频功能，又能实现放大器输出端负载的匹配。

（3）基极偏置电路为晶体管发射结提供负偏压，使电路工作在丙类状态。

（4）输入余弦波时，经过放大集电极输出电压是余弦脉冲波形。

晶体管的作用是在将供电电源的直流能量转变为交流能量的过程中起开关控制作用，谐振 LC 回路是晶体管的负载。

高频功率放大器与低频功率放大器的共同点是要求输出功率满足输出效率高；它们的不同点则是两者的工作频率与相对频宽不同，因而负载网络和工作状态也不同。

高频功率放大器的主要技术指标有输出功率、效率、功率增益、带宽和谐波抑制度（或信号失真度）等。这几项指标要求是互相矛盾的，在设计放大器时应根据具体要求，突出一些指标，兼顾其他一些指标。例如实际中有些电路，防止干扰是主要矛盾，对谐波抑制度要求较高，而对带宽要求可适当降低等。功率放大器的效率同样也是一个突出的问题，其效率的高低与放大器的工作状态有直接的关系。

放大器的工作状态可分为甲类、乙类和丙类等。为了提高放大器的工作效率，它通常工作在乙类、丙类，即晶体管工作延伸到非线性区域。但这些工作状态下的放大器的输出电流与输出电压间存在很严重的非线性失真。

低频功率放大器因其信号的频率覆盖系数大，不能采用谐振回路作负载，因此一般工作在甲类状态，采用推挽式电路结构，放大器可以工作在乙类状态。高频功率放大器因其信号的频率覆盖系数小，可以采用谐振回路作负载，故通常工作在丙类，通过谐振回路的选频功能，可以滤除放大器集电极电流中的谐波成分，选出基波分量从而基本消除了非线性失真。所以，高频功率放大器具有比低频功率放大器更高的效率。

小贴士

频率覆盖系数：最高工作频率与最低工作频率之比。

高频功率放大器因工作于大信号的非线性状态，不能用线性等效电路分析，工程上普遍采用解析近似分析方法——折线法来分析其工作原理和工作状态。虽然这种分析方法的物理概念清楚，分析工作状态方便，但计算准确度较低。

4.1.2 常见功率放大器的类型

常见高频功率放大器类型按照通带大小可以分为窄带高频功率放大器和宽带高频功率放大器。窄带高频功率放大器放大的对象是频率范围(带宽)较窄的信号，用于提供足够强的以载频为中心的窄带信号功率，或放大窄带已调信号和实现倍频的功能，通常工作于乙类、丙类状态。中波段调幅广播的发射机中使用的高频功率放大器就是窄带高频功率放大器。宽频带高频功率放大器采用具有宽频带特性的传输线变压器作为负载，用于对某些载波信号频率变化范围大的功放(功率放大器)。它的原理就是利用三极管的电流控制作用或场效应管的电压控制作用将电源的功率转换为按照输入信号变化的电流。

按照效率和导通角来分类，可以分为甲类、乙类、丙类、丁类、戊类等类型。甲类功率放大器：信号在周期内全部导通，导通角为360°，即晶体管在输入信号的整个周期内都导通；静态的集电极电流 I_C 较大，波形无失真但是管耗较大，效率低。乙类功率放大器与甲类功率放大器相比：半个周期导通，导通角为180°，管耗较低，效率较高。

为了照顾到功率与效率的共赢，实际电路通常选择甲乙类功率放大器。甲乙类功率放大器既兼顾了甲类放大器的信号失真小，又兼顾了乙类放大器的效率。除此以外，在有些应用情况下，如单纯要求较高的效率，则采用丙类功率放大器。常见功率放大器工作状态参数见表4-1，其导通角度如图4.4所示。

表4-1 常见功率放大器工作状态参数

工作状态	半导通角	理想效率/%	负载	应用
甲类	$\theta_c=180°$	50	电阻	低频
乙类	$\theta_c=90°$	78.5	推挽回路	低频高频
甲乙类	90°～180°	50～78.5	推挽	低频
丙类	$\theta_c<90°$	$\eta>78.5$	选频回路	高频

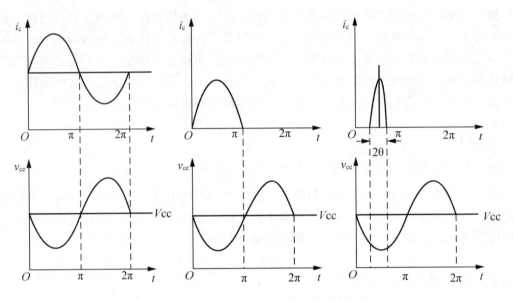

图 4.4 甲类、乙类、丙类功率放大器工作波形

🔍 小贴士

高频功率放大器大多工作于丙类。但丙类高频功率放大器的电流波形失真太大,因而不能用于对失真度有一定要求的情况下的功率放大。

4.2 丙类高频功率放大器的工作原理

4.2.1 丙类功率放大器电路模型

由上表可知,在常见的放大器类型甲类、乙类、甲乙类、丙类放大器中,丙类放大器效率最高,其应用范围也非常广泛。很多便携式数字设备,为了追求较高的转换效率,其谐振功率放大器通常工作于丙类工作状态。在丙类工作状态时,电路属于非线性电路。丙类高频功率放大器原理图如图 4.5 所示。

丙类功率放大器的原理图为基极偏置的共射极放大电路,其中:V_{CC} 为直流电源,为振荡器提供能源;V_{BB} 提供直流基极偏置,设置在三极管工作的截止区,实现丙类放大工作状态,放大器负载回路为谐振回路。

🔍 小贴士

晶体管在电路中为能量转换装置。

丙类功率放大器在基极偏置电压 V_{BB} 的作用下,处于负偏置状态。该状态可以保证,

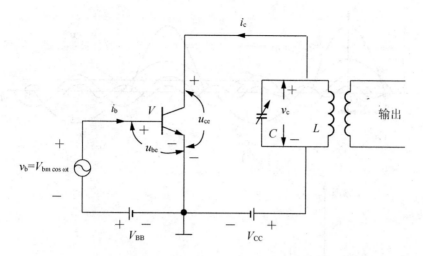

图 4.5 丙类高频功率放大器原理图

在没有信号输入的情况下,晶体管处于截止状态。此时集电极电流 i_c 为零,即功率放大器不工作,晶体管在空闲状态下,没有能量损耗,这也是丙类功率放大器效率高的原因。

当输入电压为 $V_b = V_{bm}\cos\omega t$ 时,此时发射结的电压 $u_{be} = V_{BB} + V_b = V_{BB} + V_{bm}\cos\omega t$,将基极电流 i_b 和集电极电流 i_c 进行傅里叶级数展开,即

$$i_b = I_{B0} + I_{b1m}\cos\omega t + I_{b2m}\cos2\omega t + \cdots + I_{bnm}\cos n\omega t \tag{4.2.1}$$

$$i_c = I_{C0} + I_{c1m}\cos\omega t + I_{c2m}\cos2\omega t + \cdots + I_{cnm}\cos n\omega t \tag{4.2.2}$$

其中:I_{B0}、I_{C0} 为基极电流的直流分量;I_{b1m}、I_{c1m} 为一次谐波分量;I_{b2m}、I_{c2m} 为二次谐波分量;I_{bnm}、I_{cnm} 为 n 次谐波分量。

图 4.6(a)所示为集电极电流波形图,频谱如图 4.6(b)所示。

晶体管负载回路为谐振回路,经过调整将其调谐频率设为 ω,即与基极电流的一次谐波频率相同,ω 为角频率 $\omega = 2\pi f$。晶体管的集电极负载回路对集电极输入电流具有选择性,对应输入频率为 ω 的信号,即集电极的基波分量,调谐回路成纯电阻特性,即等效为纯电阻 R,其等效电路如图 4.7 所示。对其他谐波其回路处于失谐状态,谐振回路呈现为较小的阻抗,晶体管集电极与电源正极之间近似短路。

对于集电极电流诸多分量中,只有基波分量 $I_{c1m}\cos\omega t$ 在谐振回路中会以纯电阻对应的电压的形式出现,即此时输入的集电极电流信号 i_c 和输出的集电极电压 u_c 之间的对应关系为

$$|u_c| = 0 + I_{c1m}R_P\cos\omega t + 0 + \cdots + 0 \tag{4.2.3}$$

$$u_c = -I_{c1m}R_P \tag{4.2.4}$$

$$U_{cm} = I_{c1m}R_P \tag{4.2.5}$$

电路工作在丙类谐振状态时,其外部电路关系为

$$u_{BE} = V_{BB} + V_{bm}\cos\omega t \tag{4.2.6}$$

$$u_{CE} = V_{CC} - V_{cm}\cos\omega t \tag{4.2.7}$$

丙类功率放大器的核心器件是晶体管,作为能量转换装置,晶体管的工作状态影响丙

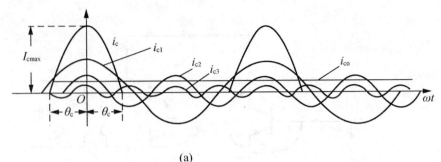

(a)

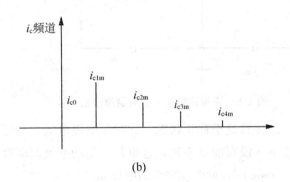

(b)

图 4.6　集电极电流波形图及其频谱

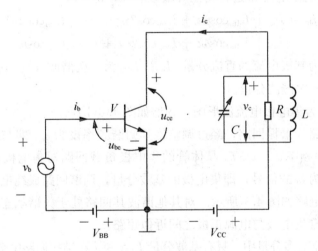

图 4.7　谐振回路等效电路

类功率放大器的工作效率。

由模拟电子技术基础可知，晶体管工作区域为截止区、放大区和饱和区。晶体管基极输入信号只有大于门限电压 U_{BZ}，晶体管才能进入放大区域，实现信号放大和能量转换，如图 4.8 所示。运动员相当于加入的载波高频信号，墙壁则相当于门限值。

其中硅管门限电压为 0.5~0.6V，锗管门限电压为 0.2~0.3V。即只有晶体管基极输入电压大于门限电压时，晶体管集电极才能有显著的电流。由于门限电压的存在，基极电流不是理想的余弦信号，而是余弦脉冲信号。功率放大器的各点信号波形如图 4.9 所示。

第4章 高频功率放大器

图 4.8 门限示意图

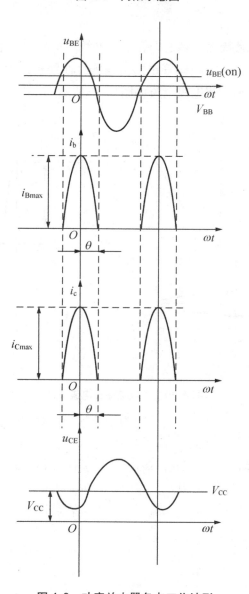

图 4.9 功率放大器各点工作波形

小贴士

为什么是余弦脉冲信号？因为脉冲信号的负半周小于门限电压值，晶体管不导通，因此晶体管基级输出的信号中，余弦的负半周信号损失了。

4.2.2 丙类高频功率放大器的分析

1. 集电极余弦电流的脉冲分解

1）余弦电流脉冲的表达式

晶体管作为高频功率放大器的核心，在输入参数一定的情况下，功率放大器的工作特性与晶体管的传输特性有关。由晶体管正向传输特性曲线折线模型作为分析的数学模型，晶体管采用理想化折线模型，集电极电流如图 4.10 所示。

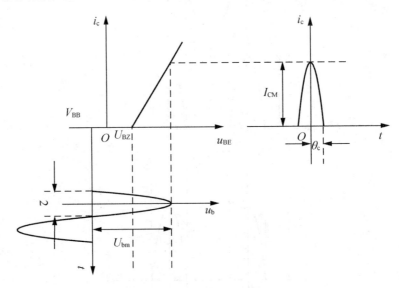

图 4.10 集电极输出电流波形

由于门限电压的存在，基极导通的信号为余弦脉冲，对应的晶体管集电极输出的电流为余弦脉冲，其正向导通角为 θ_c。

设图 4.10 中的输入信号 $u_b = U_{bm}\cos\omega t$，可知晶体管集电极电流为

$$\begin{cases} i_c = 0 & u_{BE} < U_{BZ} \\ i_c = g_c(u_{BE} - U_{BZ}) & u_{BE} \geq U_{BZ} \end{cases} \quad (4.2.8)$$

小贴士

U_{BZ} 为门限值。

第4章 高频功率放大器

$u_{BE} = V_{BB} + V_{bm}\cos\omega t$，代入式(4.2.8)可得

$$i_c = g_c(V_{BB} + U_{bm}\cos\omega t - U_{BZ}) \quad (4.2.9)$$

当$\omega t = \theta_c$时，$i_c = 0$，代入式(4.2.9)可得

$$\cos\theta_c = \frac{U_{BZ} - V_{BB}}{U_{bm}} \quad (4.2.10)$$

将式(4.2.10)代入式(4.2.9)可得

$$i_c = g_c U_{bm}(\cos\omega t - \cos\theta_c) \quad (4.2.11)$$

当$\omega t = 0$时，$i_c = I_{CM}$，代入式(4.2.9)可得

$$I_{CM} = g_c U_{bm}(1 - \cos\theta_c) \quad (4.2.12)$$

 小贴士

I_{CM}为集电极最大值。

将式(4.2.12)代入式(4.2.11)可得集电极余弦电流脉冲的表达式为

$$i_c = I_{CM}\frac{\cos\omega t - \cos\theta_c}{1 - \cos\theta_c} \quad (4.2.13)$$

2) 余弦电流脉冲的分解

周期性的电流脉冲可以用离散傅里叶级数分解为直流分量、基波分量及高次谐波分量，即i_C可写成为$i_C = I_{C0} + I_{c1m}\cos\omega t + I_{c2m}\cos 2\omega t + \cdots + I_{cnm}\cos n\omega t$，

根据正余弦函数的正交特性，式中

$$\begin{aligned} I_{C0} &= \frac{1}{2\pi}\int_{-\pi}^{\pi} i_c \mathrm{d}(\omega t) = \frac{1}{2\pi}\int_{-\theta_c}^{\theta_c} I_{CM}\frac{\cos\omega t - \cos\theta_c}{1 - \cos\theta_c}\mathrm{d}(\omega t) \\ &= I_{CM}\frac{\sin\theta_c - \cos\theta_c}{\pi(1 - \cos\theta_c)} = I_{CM}\alpha_0(\theta_c) \end{aligned} \quad (4.2.14)$$

$$\begin{aligned} I_{c1m} &= \frac{1}{\pi}\int_{-\pi}^{\pi} i_c \cos\omega t \mathrm{d}(\omega t) = \frac{1}{\pi}\int_{-\theta_c}^{\theta_c} I_{CM}\frac{\cos\omega t - \cos\theta_c}{1 - \cos\theta_c}\cos\omega t \mathrm{d}(\omega t) \\ &= I_{CM}\frac{\theta_c - \sin\theta_c\cos\theta_c}{\pi(1 - \cos\theta_c)} = I_{CM}\alpha_1(\theta_c) \end{aligned} \quad (4.2.15)$$

同理，有

$$\begin{aligned} I_{cnm} &= \frac{1}{\pi}\int_{-\pi}^{\pi} i_C \cos n\omega t \mathrm{d}(\omega t) = \frac{1}{\pi}\int_{-\theta_c}^{\theta_c} I_{CM}\frac{\cos\omega t - \cos\theta_c}{1 - \cos\theta_c}\cos n\omega t \mathrm{d}(\omega t) \\ &= I_{CM}\left[\frac{2}{\pi}\frac{\sin n\theta_c\cos\theta_c - n\cos n\theta_c\sin\theta_c}{n(n^2 - 1)(1 - \cos\theta_c)}\right] = I_{CM}\alpha_n(\theta_c) \end{aligned} \quad (4.2.16)$$

其中：α为余弦电流脉冲分解系数；$\alpha_0(\theta_C)$为直流分量分解系数；$\alpha_1(\theta_C)$为基波分量分解系数；$\alpha_n(\theta_C)$为n次谐波分量分解系数。

实际使用这些分解系数时，可以通过查询附录获得。图4.11给出了α_0、α_1、α_2、α_3和$g_1 = \alpha_1/\alpha_0$（g_1为波形系数）与θ_C的关系曲线。

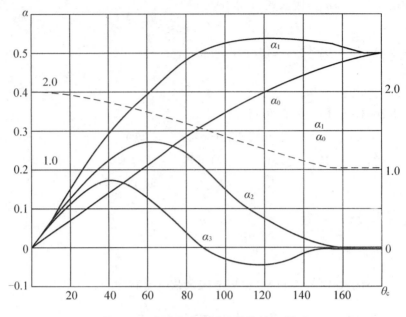

图 4.11 余弦脉冲分解系数与的 θ_c 关系

4.2.3 功率放大器的功率和效率

1. 输入直流功率 P_D

输入直流功率是电源 V_{CC} 为电路提供的功率，功率放大器的集电极电流由傅里叶分析可知，是由直流分量和多次谐波分量组成的。输入直流功率 P_D 是电路所有能量的来源，它直接决定输出功率的范围。

$$P_D = V_{CC} I_{C0} \tag{4.2.17}$$

2. 输出功率

输出功率 P_O 指的是功率放大器应输出足够的能量以驱动负载。丙类功率放大器的输出功率较高。丙类功率放大器的负载为谐振回路，调谐与基波频率，即谐振回路对其他谐波的阻抗较小，只有检测到基波频率，谐振回路才能呈现电阻特性。所以只有基波电流与基波电压才能实现输出功率，其输出功率为

$$P_O = \left(\frac{I_{c1m}}{\sqrt{2}}\right)^2 R_P = \frac{1}{2} I_{c1m}^2 R_P = \frac{1}{2} U_{cm} I_{c1m} = \frac{1}{2} \frac{U_{cm}^2}{R_P} \tag{4.2.18}$$

3. 损耗功率

丙类功率放大器的损耗功率主要体现在晶体管集电极的损耗功率上，晶体管集电极损耗功率为输入直流功率减去功率放大器的输出功率。

$$P_C = P_D - P_O \tag{4.2.19}$$

4. 效率

高频功率放大器的效率为

$$\eta_C = \frac{P_O}{P_D}, \quad \eta_C = \frac{P_O}{P_D}$$

$$\eta_c = \frac{P_O}{P_D} = \frac{P_O}{P_O + P_C} = \frac{1}{2}\frac{U_{cm}I_{c1m}}{V_{CC}I_{C0}} \tag{4.2.20}$$

4.2.4 集电极电压利用系数与波形系数(电流利用系数)

1. 集电极电压利用系数 ξ

$$\xi = \frac{U_{cm}}{V_{CC}} \tag{4.2.21}$$

2. 波形系数

$$g_1(\theta_c) = \frac{I_{c1m}}{I_{C0}} = \frac{\alpha_1(\theta_c)}{\alpha_0(\theta_c)} \tag{4.2.22}$$

因此高频功率放大器的效率

$$\eta_c = \frac{P_O}{P_=} = \frac{1}{2}\frac{U_{cm}I_{c1m}}{V_{CC}I_{C0}} = \frac{1}{2}\xi g_1(\theta_c) \tag{4.2.23}$$

4.3 丙类高频功率的动态特性与负载特性

4.3.1 动态分析

什么是丙类功率放大器的动态特性？丙类功率放大器的负载是谐振回路，只有当谐振回路检测到基波频率，谐振回路等效为纯电阻 R_P，电路才能起到放大作用。丙类高频功率放大器的动态特性是指当输入参数 V_{CC}、V_{BB}，输入信号振幅 U_{cm} 一定的前提下 $i_c = f(u_{BE}, u_{CE})$ 的关系称为丙类功率放大器的动态特性。

当放大器工作在丙类状态时，其电路关系为

$$u_{BE} = V_{BB} + V_{bm}\cos\omega t$$
$$u_{CE} = V_{CC} - V_{cm}\cos\omega t$$

由上式消去 $\cos\omega t$ 可得

$$u_{BE} = V_{BB} + V_{bm}\frac{V_{CC} - u_{CE}}{V_{cm}} \tag{4.3.1}$$

由晶体管理想折线正向传输特性可知，对于晶体管正向导通有

$$i_c = g_c(u_{BE} - U_{BZ}) \tag{4.3.2}$$

其中：g_c 为电导。

小贴士

电导表示导体传输电流强弱的能力，单位是西门子，是电阻的倒数。

将 u_{BE} 代入式(4.3.2)可得

$$\begin{aligned}i_c &= g_c\left(V_{BB} + V_{bm}\frac{V_{CC} - u_{CE}}{V_{cm}} - U_{BZ}\right) \\ &= -g_c\frac{U_{bm}}{U_{cm}}\left(u_{CE} - \frac{U_{bm}V_{CC} - U_{BZ}U_{cm} + V_{BB}U_{cm}}{U_{bm}}\right)\end{aligned} \tag{4.3.3}$$

设 $-g_c\dfrac{U_{bm}}{U_{cm}}$ 为 g_d，则

$$i_c = g_d\left[u_{CE} - \left(V_{CC} - U_{cm}\frac{U_{BZ} - V_{BB}}{U_{bm}}\right)\right] \tag{4.3.4}$$

设 $V_{CC} - U_{cm}\dfrac{U_{BZ} - V_{BB}}{U_{bm}}$ 为 u_d，则式(4.3.4)为

$$i_c = g_d[u_{CE} - u_d] \tag{4.3.5}$$

由于 $\cos\theta_c = \dfrac{U_{BZ} - V_{BB}}{U_{bm}}$，所以

$$u_d = V_{CC} - U_{cm}\cos\theta_c \tag{4.3.6}$$

采用截距法分析功率放大器的动态特性，如图 4.12 所示。$i_c = g_d[u_{CE} - u_d]$ 为标准的一次函数 $y = kx + b$ 函数，令 i_c 为零，u_{CE} 轴的截距为 u_d，即原点到 B 点的长度为截距 u_d，经 B 点做斜率为 g_d 的直线，与晶体管放大区 u_{BEmax} 相交于点 A，$u_{BEmax} = V_{BB} + U_{bm}$，BA 段为 $u_{BE} \geqslant U_{BZ}$ 段的功率放大器动态特性；当 $u_{BE} < U_{BZ}$ 时，此时 $i_c = 0$，但由于负载回路的选频特性，回路电压不为零，因此存在 BC 段特性区间；C 点位于 u_{CE} 轴上，由 $u_{CEmax} = V_{CC} + U_{cm}$ 确定。

图 4.12 中动态特性直线 AB 的延长线与横坐标是 V_{CC} 的直线交于 Q 点，由式(4.3.5)可求得 Q 点的纵坐标 I_Q 为

$$\begin{aligned}I_Q &= g_d(u_{CE} - u_d) \\ &= -g_c\frac{U_{bm}}{U_{cm}}[V_{CC} - (V_{CC} - U_{cm}\cos\theta_c)] \\ &= -g_c\frac{U_{bm}}{U_{cm}}U_{cm}\frac{U_{BZ} - V_{BB}}{U_{bm}} \\ &= -g_c(U_{BZ} - V_{BB})\end{aligned} \tag{4.3.7}$$

由于电流值不可能为负值，I_Q 是虚拟的电流，即 Q 点实际上是不存在的，是虚拟点。采用虚拟电流法分析功率放大器的动态特性是首先确定图 4.12 中的 A 点、Q 点和 C 点的坐标，然后连接 AQ 线与横坐标相交点即为 B 点。其中 A 点坐标由 $u_{BEmax} = V_{BB} + U_{bm}$ 和

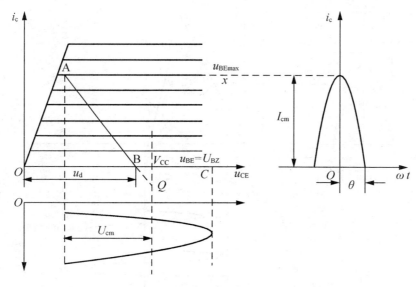

图 4.12 截距法功率放大器动态特性

$u_{\text{CEmin}} = V_{\text{CC}} - U_{\text{cm}}$ 确定。C 点位于 u_{CE} 轴上,由 $u_{\text{CEmax}} = V_{\text{CC}} + U_{\text{cm}}$ 确定。

4.3.2 负载特性

功率放大器的工作状态是按照晶体管集电极电流导通角 θ 不同划分的,根据导通角的大小划分为甲类、乙类、丙类等工作状态。谐振功率放大器的工作状态通常为丙类。

按照电路工作的一个周期内,晶体管特性曲线是否进入饱和区来划分,可以分为欠压、临界和过压三种状态,用动态特性能较容易区分这三种工作状态。

图 4.13 给出了丙类谐振功率放大器的欠压、临界、过压三种状态的电压和电流波形。将没有进入饱和区的工作状态称为欠压,其集电极电流脉冲波形如图 4.13 曲线 1 所示;将进入饱和区的工作状态称为过压,其集电极电流脉冲波形如图 4.13 曲线 3 所示;将欠压和过压的中间状态称为临界状态,其集电极电流脉冲波形如图 4.13 曲线 2 所示。

当功率放大器的 V_{CC}、V_{BB} 及输入信号 V_b 三个参数不变的情况下,放大器的电流、电压、功率与效率等随谐振回路的谐振电阻 R_p 的变化而变换的特性,称为放大器的负载特性。其负载特性随着功率放大器工作状态的不同而不同。谐振功率放大器的负载特性如图 4.14 所示,功率、效率特性曲线如图 4.15 所示。

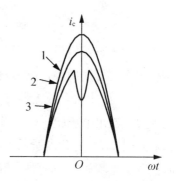

图 4.13 集电极电流脉冲

欠压状态:在欠压区至临界点的范围内,放大器的交流输出电压 U_c 随负载电阻 R_L 的增大而增大,而电流 I_{cmax}、I_{C1}、I_{C0} 基本不变,输出电流的振幅基本上不随 U_{CC} 变化而变化,故输出功率基本不变。

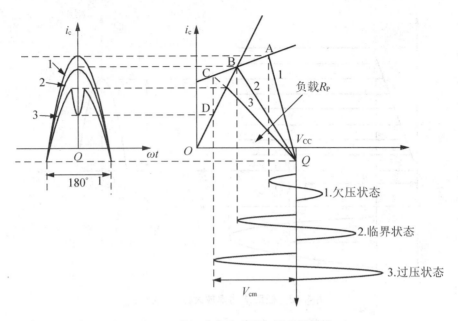

图 4.14 谐振功率放大器负载特性曲线

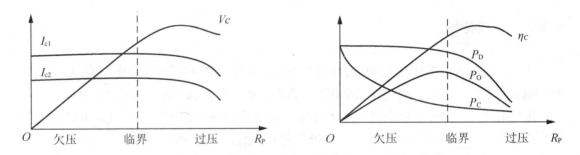

图 4.15 谐振功率放大器功率、效率变化曲线

临界状态：负载线和 U_b 正好相交于临界线的拐点。放大器工作在临界状态时，输出功率大，管子损耗小，放大器的效率也就较大，其对应的最佳负载电阻值为 R_P。

当 R_P 变小时，放大器处于欠压工作状态，如图 4.14 中 C 点所示。由于集电极输出电流较大，输出电压较小，因此输出功率和效率都较小。R_P 变大时，放大器处于过压工作状态，如图 4.14 中 B 点所示。集电极电压虽然较大，但集电极电流凹陷，因此输出功率较低，但效率较高。为了兼顾输出功率和效率的要求，谐振功率放大器通常选在临界工作状态。

设计谐振功率放大器为临界工作状态的条件是 $V_{CC} - U_{cm} = U_{ces}$。

其中：U_{cm} 为集电极输出电压幅度；V_{CC} 为电源电压；U_{ces} 为晶体管饱和压降。

过压状态：放大器的负载较大，在过压区，随着负载 R_L 的加大，I_{c1} 要下降，因此放大器的输出功率和效率也要减小。输出电流的振幅将随 V_{CC} 的减小而下降，故输出功率也随之下降。

(1) 欠压、临界、过压工作状态的调整。调整欠压、临界、过压 3 种工作状态，可以通过改变集电极负载 R_L、供电电压 V_{CC}、偏压 V_{BB} 和激励信号 V_b 来实现。

保持 V_b、V_{CC}、V_{BB} 不变，改变 R_L。当负载电阻 R_L 由小至大变化时，放大器的工作状态由欠压状态经临界状态转入过压状态，在临界状态时输出功率最大。

保持 R_L、V_b、V_{BB} 不变，通过改变 U_{CC} 改变功率放大器的工作状态。当供电电压 V_{CC} 由小到大变化时，放大器的状态由过压状态经临界状态最后转入欠压状态。

保持 V_{CC}、V_{BB}、R_L 不变通过改变 V_{BB}（V_b）变化，实现状态的变化。改变 V_{BB}（V_b）最终是实现 V_{be} 的调节。当 V_{BB} 或 V_b 由小到大变化时，放大器的工作状态由欠压状态经临界状态转入过压状态。

(2) 通过对 V_{CC} 的调节，改变工作状态和电流、功率的变化。在过压区中输出电压随 V_{CC} 的改变而变化的特性为集电极调幅的实现提供了依据；因为在集电极调幅电路中是依靠改变 V_{CC} 来实现调幅的。改变 V_{CC} 时，其工作状态和电流、功率的变化如图 4.16 所示。

(3) 通过对 V_b 的调节，改变工作状态和电流、功率的变化。V_{CC}、V_{BB}、R_P 不变，V_{bm} 变化。当 V_{bm} 自零向正值增大时，使集电极电流脉冲的高度和宽度增大，放大器的工作状态由欠压状态进入过压状态。正值增大时，使集电极电流脉冲的高度和宽度增大，放大器的工作状态由欠压。谐振功率放大器的放大特性是指放大器的性能随 V_{bm} 变化的特性，其特性曲线如图 4.17、图 4.18 所示。

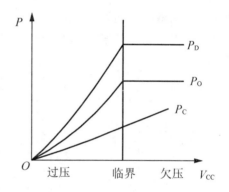

图 4.16 改变 V_{CC} 时工作状态和电流、功率的变化

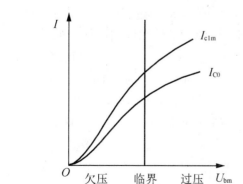

图 4.17 V_{bm} 对电流的影响

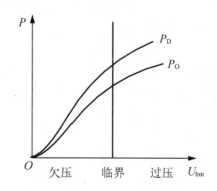

图 4.18 V_{bm} 对功率的影响

4.4 D类功率放大器

D类功率放大器又可以称为丁类功率放大器。由丙类功率放大器的效率 $\eta_c = \frac{1}{2} \xi g_1(\theta_c)$ 可知,可以通过减小电流导通角来提高放大器的效率。但是随着导通角 θ 的减小,由输入激励信号 $V_b = V_{bm} \cos\omega t$ 可知 V_b 的幅度会逐渐提高。由于 V_{BB} 的存在,功率放大器的导通时间将逐渐变大,集电极耗散功率 P_C 逐渐变大;则由输出功率 $P_O = P_D - P_C$ 可知,输出功率将逐渐减小。因此有效的提高输出效率,就要降低集电极耗散功率 P_C。

提高效率的一种有效的方法,是使放大器工作在开关状态。当晶体管导通时,集电极电流 i_c 不为零,管压降 u_{CE} 接近于零,即两者乘积近似为零。反之当晶体管不导通时集电极电流 i_c 为零,管压降 u_{CE} 不为零,即两者乘积仍近似为零。理想情况下,二者乘积为零,即集电极耗散功率为零,则效率可为 100%。这类放大器称为 D 类功率放大器,实际 D 类功率放大器效率能达到 90% 以上。

电压型 D 类功率放大器原理电路如图 4.19 所示。

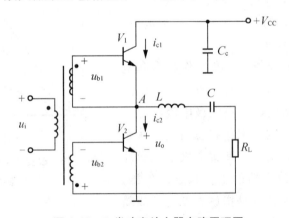

图 4.19 D类功率放大器电路原理图

在图 4.19 中,u_i 为输入信号,u_i 是角频率为 ω 的方波,u_i 通过变压器,在变压器的两个副线圈产生两个极性相反的电压 u_{b1}、u_{b2},分别加到两个极性相同的晶体管的基极输入端,使得两个晶体管在一个周期信号内轮流导通和截止。电感 L、电容 C 和负载电阻 R_L 组成串联谐振回路。当串联谐振回路调谐在 ω 角频率上,且回路的品质因数足够大时,通过回路的只有 u_i 中基波分量产生的角频率为 ω 的电流,这个电流是由晶体管 V_1 和 V_2 轮流导通的电流 i_{c1} 和 i_{c2} 合成的,则负载电阻上就可以获得角频率为 ω 的余弦波信号,其工作波形如图 4.20 所示。

传统的 D 类放大器一般由三个部分组成:输入级和 PWM 级、放大级以及输出级,它的工作原理类似于 DC-DC 开关模式变换器。

D 类功率放大器首先对输入信号进行 PWM 调制,使调制信号的占空比正比于瞬时输

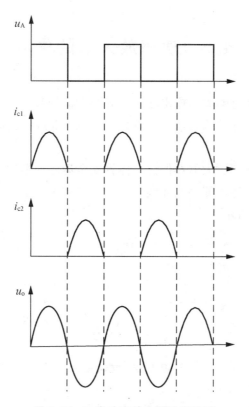

图 4.20　D 类功率放大器输出波形

入电压，然后调制信号驱动功率开关产生放大的 PWM 波形，利用脉冲宽度控制放大部分的导通时间，再通过输出级进行解调得到放大的输出信号。

D 类功率放大器效率较高，采用晶体管轮流导通的方式工作。由于晶体管门限电压的存在，在提高效率的情况下会因为交越失真的存在导致音质效果变差，而且数字化的过程也使得声音信息损失。因此如果要求音乐播放的效果，则最好选择甲乙类功率放大电路，而不是 D 类功率放大电路。

当前很多厂商已经开发了多款 D 类集成功率放大器，以应用到便携式设备和个人数字设备中。图 4.21 所示是某厂家生产的专用双通道音频 D 类功率放大器。

图 4.21　D 类功率放大器芯片

4.5 功率放大器的失真

功率放大器为了获得足够大的输出功率,需要大信号激励,从而使信号动态范围往往超出晶体管的线性区域,导致输出信号失真。因此减小非线性失真成为功率放大器的又一个重要问题。

概括起来说,要求功率放大器在保证晶体管安全运用的情况下,获得尽可能大的输出功率、尽可能高的效率和尽可能小的非线性失真。交越失真是失真现象中较常见的现象。

交越失真如图4.22所示。

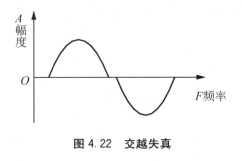

图4.22 交越失真

交越失真:因为门限电压的存在,当三极管输入电压较低时,因三极管截止而产生的失真。

本 章 小 结

功率放大器在电子技术中应用非常广泛。根据放大器导通角度不同,可分为甲类、乙类、甲乙类、丙类等功率放大器,其中丙类功率放大器效率最高。高频功率放大器是应用在高频电子技术领域中的常用放大器,高频功率放大器采用非线性工作方式。高频功率放大器与常用功率放大器相比,其输入的待放大信号频率较高,其集电极输出电流傅里叶展开包含基波、一次谐波、二次谐波……N次谐波,各次谐波其频谱关系不同,其中一次谐波信号对应为等效放大电流信号。丙类功率放大器是比较具有代表意义的高频功率放大器,其工作特性与晶体管的传输特性有关,由晶体管理想化折线模型分析,集电极输出电流形式呈余弦脉冲形式,输出效率较高。采用截距法分析丙类功率放大器动态特性,通过对供电电源、集电极电压等参数的调整可以实现对功率放大器欠压、临界、过压工作状态的调整。除丙类功率放大器,D类功率放大器也因为转换效率较高,应用范围较广。

思考题与练习题

4.1 简答题
1. 在弱小信号放大工作过程中,有没有失真?为什么?
2. 如何解决丙类高频功率放大器的波形失真问题?
3. 推导余弦脉冲分解过程。
4. D类功率放大器为什么效率高?
5. D类功率放大器的工作原理是什么?

4.2 填空题
1. 常见的功率放大器有_____、_____、_____、_____、_____等。
2. 甲乙类功率放大器半导通角范围为_____,效率为_____。
3. 丙类功率放大器半导通角范围为_____,效率为_____。
4. 丙类功率放大器基极加 V_{BB} 的目的是_____。
5. 高频功率放大器直流功率为_____。
6. 丙类谐振功率放大器有_____、_____、_____工作状态。
7. D类功率放大器中,电路工作在_____状态。
8. 传统D类功率放大器主要由_____、_____、_____3个部分组成。

4.3 计算题
1. 某谐振功率放大器工作于临界状态,输出功率 $P_O=15W$,$V_{CC}=24V$,$V_{cm}=22V$,晶体管集电极电流中的直流分量 $I_{C0}=0.8A$,求直流电源输出功率,集电极效率,基波电流,谐振回路的谐振电阻?

2. 谐振功率放大器,若选择甲、乙、丙这3种不同工作状态下的集电极功率转换效率分别为可知,试求:

(1) 当输出功率 $P_O=5W$ 时,3种不同状态下的集电极功率损耗 P_C 各为多大?

(2) 若保持晶体管的集电极功率损耗 $P_C=1W$ 时,求3种不同工作状态下的输出功率 P_O 各为多少?

3. 已知一谐振功率放大器工作在欠压状态,如果要将它调整到临界状态,需要改变哪些参数?不同调整方法所得到的输出功率 P_O 怎样变化?

4. 某谐振功率放大器,$V_{CC}=24V$,输出高频电压 $V_{CM}=22V$,输出功率 $P_O=5W$ 晶体管集电极电流中的直流分量 $I_{C0}=250mA$。

求:

(1) 直流电源输出功率 P_D;集电极效率 η_C;基波电流 I_{c1m};谐振回路的谐振电阻 R_e。

(2) 若输出负载电阻 $R_L=200\Omega$,电路工作频率 $f=60MHz$。试设计输出端 L 型滤波匹配网络,画出匹配网络,计算电感、电容的数值。

5. 谐振功率放大器工作在欠压区，要求输出功率 $P_O = 5\text{W}$。已知 $V_{CC} = 24\text{V}$，$V_{BB} = V_{BE(on)}$，$R_e = 53\Omega$，设集电极电流为余弦脉冲，即

$$i_C = \begin{cases} i_{C\max}\cos\omega t & v_b > 0 \\ 0 & v_b \leqslant 0 \end{cases}$$

试求电源供给功率 P_D、集电极效率 η_C。

6. 谐振功率放大器输出功率为 $P_O = 5\text{W}$，$E_C = 24\text{V}$，当集电极效率为 60% 时，求集电极耗散功率 P_C 和集电极电流直流分量 I_{C0}；若保持输出功率不变，将效率提高到 80%，此时集电极耗散功率 P_C 是多少？

7. 一谐振功率放大器工作于临界状态，电源电压 $E_C = 24\text{V}$，输出电压 $U_{cm} = 22\text{V}$，输出功率 $P_O = 5\text{W}$，集电极效率 $\eta = 50\%$，求集电极耗散功率 P_C、电流 I_{C0}、I_{c1m} 及回路谐振电阻。若谐振电阻增大一倍，估算输出功率；若谐振电阻减小一倍，估算输出功率。

8. 晶体管谐振功率放大器，已知 $V_{CC} = 24\text{V}$，$I_{C0} = 250\text{mA}$，$P_O = 5\text{W}$，电压利用系数为 0.95，试求 P_D、η_C、R_p、I_{c1m}。

9. 某谐振功率放大器，工作频率 $f = 520\text{MHz}$，输出功率 $P_O = 60\text{W}$，$V_{CC} = 12.5\text{V}$。(1) 当 $\eta_C = 60\%$ 时，试计算管耗 P_C 和平均分量 I_{c0} 的值；(2) 若保持 P_O 不变，将 η_C 提高到 80%，试问管耗 P_C 减小多少？

10. 已知谐振功率放大器的 $V_{CC} = 24\text{V}$，$I_{C0} = 250\text{mA}$，$P_O = 5\text{W}$，$U_{cm} = 0.9V_{CC}$，试求该放大器的 P_D、P_C、η_C 以及 I_{c1m}、$i_{C\max}$、θ。

11. 已知集电极电流余弦脉冲 $i_{C\max} = 100\text{mA}$，试求导通角 $\theta = 120°$，$\theta = 70°$ 时集电极电流的直流分量 I_{c0} 和基波分量 I_{c1m}；若 $U_{cm} = 0.95V_{CC}$，求出两种情况下放大器的效率各为多少？($\theta = 120°$，$\alpha_0(\theta) = 0.406$，$\alpha_1(\theta) = 0.536$；$\theta = 70°$，$\alpha_0(\theta) = 0.253$，$\alpha_1(\theta) = 0.436$)

12. 已知谐振功率放大器的 $V_{CC} = 24\text{V}$，$I_{C0} = 250\text{mA}$，$P_O = 5\text{W}$，$U_{cm} = 0.9V_{CC}$，试求该放大器的 P_D、P_C、η_C 以及 I_{c1m}、$i_{C\max}$、θ。($g_1(50°) = 1.85$，$\alpha_0(50°) = 0.183$)

第5章 正弦波振荡器

内容摘要

- 掌握反馈式正弦波振荡器的工作原理。
- 掌握LC三点式正弦波振荡器的工作原理、相位平衡条件的判断。
- 了解频率稳定度的意义以及影响频率稳定度的原因与稳频措施。
- 了解高稳定度电容三点式反馈振荡器的工作原理。
- 了解石英晶体的压电效应以及石英晶体振荡器的工作原理。
- 了解负阻振荡器的工作原理。

本章知识结构

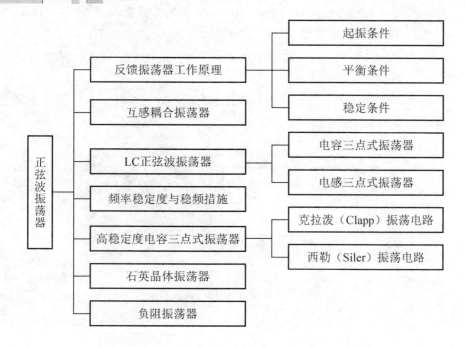

导入案例

案例一

信号发生器又称波形发生器,是一种常用的信号源,被广泛地应用于无线电通信、自动测量和自动控制等系统中。传统的信号发生器绝大部分是由模拟电路构成,借助电阻、电容、电感、谐振腔、同轴线作为振荡回路产生正弦或其他函数波形。在今天,随着大规模集成电路和信号发生器技术的发展,许多新型信号发生器应运而生。用信号发生器并配置适当接口芯片产生程控正弦信号,则可替代传统的正弦信号发生器,从而有利于测试系统的集成化、程控化和智能仪表的多功能化。自1971年美国Intel公司首先推出4位微处理器以来,它的发展到目前为止大致可分为5个阶段。

第1阶段(1971—1976):信号发生器发展的初级阶段,发展了各种4位信号发生器。

第2阶段(1976—1980):初级8位机阶段。以1976年Intel公司推出的MCS-48系列为代表,采用将8位CPU、8位并行I/O接口、8位定时/计数器、RAM和ROM等集成于一块半导体芯片上的单片结构,功能上可满足一般工业控制和智能化仪器、仪表等的需要。

第3阶段(1980—1983):高性能信号发生器阶段。这一阶段推出的高性能8位信号发生器普遍带有串行口,有多级中断处理系统,多个16位定时器/计数器。片内RAM、ROM的容量加大,且寻址范围可达64KB。

第4阶段(1983—20世纪80年代末):16位信号发生器阶段。1983年Intel公司又推出了高性能的16位信号发生器MCS-96系列,网络通信能力有了显著提高。

第5阶段(20世纪90年代):信号发生器在集成度、功能、速度、可靠性、应用领域等全方位向更高水平发展。

目前,信号发生器正朝着高性能和多品种方向发展,尤其是8位信号发生器已成为当前信号发生器中的主流。

图5.1 ESG模拟信号发生器

小贴士

简单来说,模拟信号是自变量和函数值均是连续值;数字信号是自变量和函数值均是离散值;时域离散信号是自变量取离散值而函数值取连续值。

案例二

数字频率计是采用数字电路制作成的能实现对周期性变化信号频率测量的仪器。频率计主要用于测量正弦波、矩形波、三角波和尖脉冲等周期信号的频率值。其扩展功能可以测量信号的周期和脉冲宽度。数字频率计是计算机、通信设备、音频视频等科研生产领域不可缺少的测量仪器。它是一种用十进制数字,显示被测信号频率的数字测量仪器。它的基本功能是测量正弦信号、方波信号以及其他各种单位时间内变化的物理量。

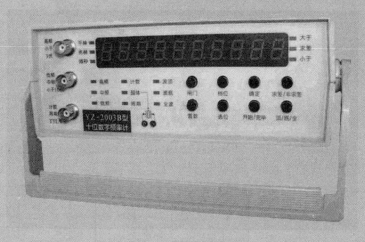

图 5.2 十位智能频率计

小贴士

测量频率的方法有很多,按照其工作原理分为无源测量法、比较法、示波器法和计数法等。

案例三

TS-200B 台式恒温振荡器应用于微生物、病毒、细菌的培养、发酵、杂交和生物化学反应及细胞组织等研究,为温度、振荡频率、振幅有不同要求的培养及酶工程等方面的研究提供了有效的帮助,如图 5.3 所示。

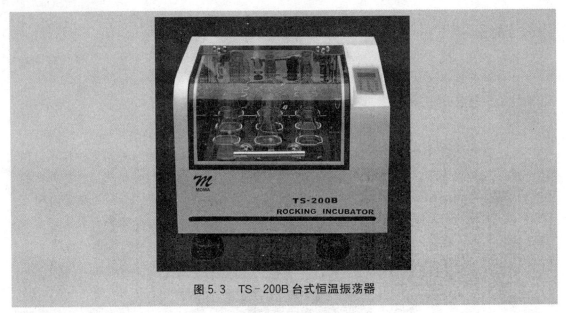

图 5.3　TS-200B 台式恒温振荡器

引言

振荡器是无线电发送设备的心脏部分，在图 3.1 的调幅广播发射机中用以产生高频载波信号。图 5.4 所示是超外差接收机的组成框图，其中本地振荡器是 LC 正弦波振荡器，用以产生本地高频振荡信号。

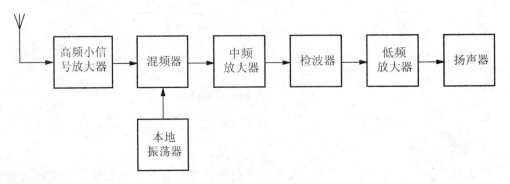

图 5.4　超外差接收机组成框图

振荡器的用途十分广泛，如信号发生器、数字式频率计等电子测试仪器的核心部分都是正弦波振荡器。

小贴士

日本金石、始建于 1948 年的 NibonDempaKogyo 公司和美国摩托罗拉、韩国的 Sunny-Emi 等公司，都是生产石英晶体器件较大的厂商。中国生产石英晶体振荡器等元器件的单位有原电子工业部第十研究所、北京 707 厂、国营第 875 厂和一些合资企业等。

5.1 概述

振荡器是不需要外激励信号,自身能将直流电源能量转换为周期性振荡的交流电能的电子电路。振荡器一般由电子管、晶体管等有源器件和具有某种选频功能的无源网络组成。振荡器的主要优点:①将直流电能转变为交流电能的过程本身是静止的无须做机械功;②产生的是等幅振荡信号;③工作频率、功率范围宽,频率可以从极低频到微波波段,功率可以从毫瓦级至千瓦级。

振荡器种类繁多,根据工作原理可以分为反馈型振荡器和负阻型振荡器等;根据输出波形可以分为正弦波振荡器和非正弦波振荡器(如三角波、矩形脉冲、锯齿波等);根据选频网络所采用的器件可以分为 LC 振荡器、RC 振荡器和晶体振荡器等。按振荡激励方式可分为自激振荡器、他激振荡器;按电路结构可分为阻容振荡器、电感电容振荡器、晶体振荡器、音叉振荡器等;按输出波形可分为正弦波、方波、锯齿波等振荡器。

振荡器广泛用于电子工业、医疗、科学研究等方面。广播、电视、通信设备、各种信号源、各种测量仪器的核心部件都是振荡器;振荡器也广泛用于各大中院校、医疗、石油化工、卫生防疫、环境监测等科研部门作生物、生化、细胞、菌种等各种液态、固态化合物的振荡培养。本章只讨论在通信领域广泛应用的正弦波振荡器,它在发射机中用来产生载波信号,在超外差接收机或同步检波器中用于产生本地振荡信号。另外,在自动控制及电子测量等工业领域,正弦波振荡器也有广泛的应用。

5.2 反馈振荡器的原理

5.2.1 原理分析

反馈型振荡器的原理框图如图 5.5 所示,振荡器由放大器和反馈网络组成,放大器的电压增益是 $\dot{A}$,反馈网络的反馈系数为 $\dot{F}$,当振荡器外加输入信号 $\dot{U}_i$ 时,放大器的输出电压 $\dot{U}_C = \dot{A}\dot{U}_i$,反馈网络输出电压 $\dot{U}_F = \dot{F}\dot{U}_C = \dot{A}\dot{F}\dot{U}_i = AF\dot{U}_i e^{j(\varphi_A+\varphi_F)}$,若满足 $\dot{A}\dot{F}=1$,即 $AF=1$,$\varphi_A+\varphi_F=2n\pi(n=0,1,2,\cdots,n)$,则 $\dot{U}_F=\dot{U}_i$,此时即使去掉外加输入信号 $\dot{U}_i$,由于反馈回路的作用也可以维持振荡器仍输出电压 $\dot{U}_C$。可见,此时放大器的净输入电压由反馈电压 $\dot{U}_F$ 提供,此时整个电路不具有信号放大作用,而是一个振荡器。综上所述,振荡器维持振荡的条件是

$$AF = 1 \qquad (5.2.1)$$

$$\varphi_A + \varphi_F = 2n\pi(n=0,1,2,\cdots,n) \tag{5.2.2}$$

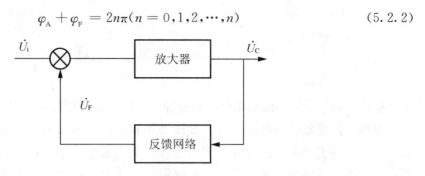

图 5.5　反馈型振荡器的原理框图

 小贴士

控制论中的反馈概念,指将系统的输出返回到输入端并以某种方式改变输入,进而影响系统功能的过程,即将输出量通过恰当的检测装置返回到输入端并与输入量进行比较的过程。反馈可分为负反馈和正反馈。

图 5.6 所示是一个互感耦合反馈振荡器原理电路图,晶体管构成分压偏置式共射级放大器,放大器的负载为 LC 谐振回路,设谐振回路的谐振角频率为 ω_0,放大器电压增益等于 LC 谐振回路输出电压 $\dot{U}_C$ 与放大器输入电压 $\dot{U}_i$ 的比值,即 $\dot{A} = \dot{U}_C / \dot{U}_i = Ae^{j\varphi_A}$。放大器的反馈网络由电感线圈 L_1 和 L_2 组成,$\dot{U}_C$ 由 L_1 通过互感 M 耦合到电感线圈 L_2 上,产生反馈电压 $\dot{U}_F$,反馈网络的反馈系数等于反馈电压 $\dot{U}_F$ 与 LC 谐振回路输出电压 $\dot{U}_C$ 的比值,即 $\dot{F} = \dot{U}_F / \dot{U}_C = Fe^{j\varphi_F}$。只要满足式(5.2.1)和式(5.2.2),该电路即可维持振荡。

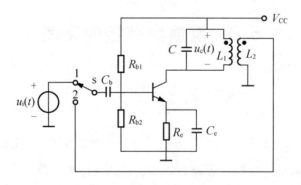

图 5.6　互感耦合反馈振荡电路

 小贴士

法拉第电磁感应定律:因磁通量变化产生感应电动势的现象,闭合电路的一部分导体在磁场里做切割磁感线的运动时,导体中就会产生电流,这种现象叫电磁感应。

小贴士

楞次定律：感应电流的效果，总是阻碍磁通量的变化，感应电流变化的结果总是阻碍引起磁通量变化的原因。简单地说就是来拒去留，在 1834 年由物理学家海因里希·楞次（H. F. E. Lenz，1804—1865 年）提出。

5.2.2 起振条件与平衡条件

振荡器在实际应用中应该是上电后即输出振荡信号，而不需要外加图 5.6 中的外激励 $\dot{U}_i$，那么初始激励由谁提供呢？答案是振荡的最初来源是振荡器在接通电源时不可避免地存在电冲击及各种热噪声，这些突变信号的频谱较宽，其中只有频率等于 LC 谐振回路谐振频率的分量可以产生较大的输出电压，其他频率分别通过 L 或 C 被短路（滤波）。该输出电压通过反馈网络再加到输入端经过放大器放大、反馈，不断循环下去。

接通电源时提供的振荡器的初始激励较小，LC 谐振回路输出电压 $\dot{U}_C$ 也较小，没有任何应用价值，因此想通过不断地放大、反馈循环得到足够大的激励信号以满足振荡器的输出为足够大的振荡信号，开始工作时振荡器就不能工作在前文所述的 $AF=1$ 的等幅振荡状态，而是应为增幅振荡。

$$A_0 F > 1 \tag{5.2.3}$$

$$\varphi_A + \varphi_F = 2n\pi \quad (n = 0,1,2,\cdots,n) \tag{5.2.4}$$

A_0 是振荡器起振时放大器的电压增益。式（5.2.3）和式（5.2.4）分别称为起振器起振的振幅条件和相位条件。这样反馈回来的信号 $\dot{U}_F$ 总是比原加到放大器输入端的信号 $\dot{U}_i$ 大，经过多次的放大、反馈循环，振荡器输出电压幅度不断增大。其中相位条件的物理意义是振荡器闭环相位差为零，即振荡器为正反馈，正反馈和增幅振荡两个条件才能保证振荡能够建立起来。

那么，放大器的电压增益如何由 A_0 过渡到 A 呢？即振荡器如何由起振的增幅振荡过渡到稳定的等幅振荡呢？假设在这个过程中始终满足式（5.2.2）相位稳定条件。因为晶体管放大器进行小信号放大时必须工作在线性放大区，此时输出信号随输入信号的增加而线性增加，随着输入信号的振幅不断增大，晶体管放大器逐渐由放大区进入截止区或饱和区，而进入非线性工作状态，此时放大器的电压增益随着输入信号的增加而下降，直到等于反馈系数的倒数，即电压增益由 A_0 下降到 $A = \dfrac{1}{F}$，从而满足了式（5.2.1）振荡器维持振荡的振幅条件，振荡器达到平衡工作状态。需要说明的是振荡器的起振过程是非常短暂的，只有电路设计合理满足起振条件，振荡器接通电源后，输出端就有稳定幅度的输出信号。

小贴士

三极管的三种状态也叫三个工作区域，即截止区、放大区和饱和区。**截止区**：三极管工作在截止状态，当发射结电压小于 0.6~0.7V 的导通电压，发射结没有导通集电结处于反向偏置，没有放大作用。**放大区**：三极管的发射极加正向电压，集电极加反向电压导通后，I_c 与 I_b 近似于线性关系，在基极加上一个小信号电流，引起集电极大的信号电流输出。**饱和区**：当三极管的集电结电流 I_c 增大到一定程度时，再增大 I_b，I_c 也不会增大，超出了放大区，进入了饱和区。饱和时，I_c 最大，集电极和发射之间的内阻最小，电压 U_{ce} 只有 0.1V~0.3V，$U_{ce}<U_{be}$，发射结和集电结均处于正向电压。三极管没有放大作用，集电极和发射极相当于短路，常与截止配合于开关电路。

下面介绍振荡器平衡条件的另外一种表达方式。

根据丙类功率放大器中集电极余弦电流脉冲分解的理论可知，振荡器中谐振回路输出电压 $\dot{U}_{C1}$ 是晶体管集电极电流的基波分量 $\dot{I}_{c1}$ 和谐振回路基波阻抗 $\dot{Z}_{P1}$ 的乘积，即

$$\dot{U}_{C1} = \dot{I}_{c1} \dot{Z}_{P1} = \dot{I}_{c1} Z_{P1} e^{j\varphi_z} \tag{5.2.5}$$

其中：φ_Z 为 $\dot{U}_{C1}$ 和 $\dot{I}_{c1}$ 之间的相位差，若 $\dot{U}_{C1}$ 超前于 $\dot{I}_{c1}$ 则 φ_Z 为正，反之为负。此时放大器的电压增益为

$$\dot{A} = \frac{\dot{U}_{C1}}{\dot{U}_i} = \frac{\dot{I}_{c1} \dot{Z}_{P1}}{\dot{U}_i} = \dot{Y}_{fe} \dot{Z}_{P1} \tag{5.2.6}$$

其中：$\dot{Y}_{fe} = Y_{fe} e^{j\varphi_Y}$ 称为晶体管的平均正向传输导纳，φ_Y 为集电极电流基波分量 $\dot{I}_{c1}$ 与输入电压 $\dot{U}_i$ 的相位差，若 $\dot{I}_{c1}$ 超前于 $\dot{U}_i$ 则 φ_Y 为正，反之为负。反馈系数

$$\dot{F} = \frac{\dot{U}_F}{\dot{U}_{C1}} = F e^{j\varphi_F}$$

其中：φ_F 表示反馈电压 $\dot{U}_F$ 与输出电压 $\dot{U}_{C1}$ 之间的相位差，若 $\dot{U}_F$ 超前于 $\dot{U}_{C1}$ 则 φ_F 为正，反之为负。

此时 $\dot{A}\dot{F}=1$ 可以表示成

$$\dot{A}\dot{F} = \dot{Y}_{fe} \dot{Z}_{P1} \dot{F} = 1$$

即

$$Y_{fe} Z_{P1} F = 1 \tag{5.2.7}$$

$$\varphi_Y + \varphi_Z + \varphi_F = 2n\pi \quad (n = 0,1,2,\cdots,n) \tag{5.2.8}$$

式(5.2.7)、式(5.2.8)就是振荡器平衡条件的另外一种表达方式。

但是，实际上 $\dot{I}_{c1}$ 总是滞后于 $\dot{U}_i$，即 $\varphi_Y<0$，而 φ_F 则根据电路形式的不同可能 $\varphi_F>0$ 也可能 $\varphi_F<0$，因此 $\varphi_Y+\varphi_F \neq 0$，振荡电路必须工作于失谐状态，以产生一个谐振回路相角 φ_Z 进行平衡，以满足相位平衡条件。一般来说，振荡器回路总是处于微小失谐状态，

振荡器的实际工作频率严格来讲不等于其固有振荡频率，Z_{P1} 也并不是呈现纯阻性。

5.2.3 振荡平衡的稳定条件

振荡器在工作过程中不可避免地会受到各种外界因素的影响，例如温度改变、电源电压的波动等，这些变化使得放大器的放大倍数和反馈系数发生改变，破坏了振荡器原有的平衡工作条件。如果通过振荡器自身的放大和反馈的不断循环，振荡器能够在原平衡点附近建立起新的平衡状态，并且在外界因素消失后能自动回到原平衡状态，则原平衡点是稳定的，否则原平衡点不稳定。振荡器的稳定条件分为振幅稳定条件和相位稳定条件。

1. 振幅平衡的稳定条件

图 5.7(a)所示是反馈型振荡器中放大器的电压增益 A 与负载 LC 谐振回路输出电压振幅 U_c 的关系。起振时电压增益为 A_0，随着 U_c 的增大 A 逐渐减小，在 Q 点满足振幅平衡条件 $AF=1$。其中反馈系数 F 仅仅取决于电路参数，与放大器输出电压信号的振幅无关。若某一外因的变化使得反馈系数 F 增大，对于原平衡点 Q 点来说 $AF>1$，此时为增幅振荡，即工作点向右移动，输出电压振幅 U_c 逐渐增大，电压增益 A 逐渐降低，直到 Q_1 点重新满足 $AF=1$ 时进入新的平衡状态。当外因去掉后，反馈系数 F 又恢复到在 Q 点时的原值，此时对于 Q_1 点来说，由于反馈系数 F 减小，$AF<1$ 为减幅振荡，即工作点向左移动，输出电压振幅 U_c 逐渐减小，电压增益 A 逐渐增大，直到再次返回到 Q 点满足 $AF=1$ 恢复原平衡状态。同理，若某一外因的变化使得反馈系数 F 减小，平衡点将从 Q 点移动到 Q_2 点，当外因去掉后自动从 Q_2 点返回到原平衡点 Q 点。由以上分析可知 Q 点是稳定平衡点。

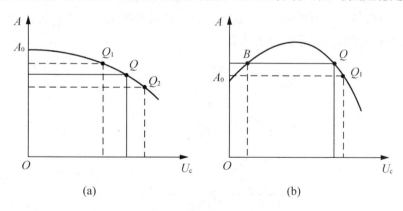

图 5.7 振荡特性曲线

并非所有的平衡点都是稳定的，图 5.7(b)所示的振荡器 A-U_c 曲线中 B 点和 Q 点具有相同的电压增益 A，假设此时满足 $AF=1$，则 B 点和 Q 点都是平衡工作点。若某一外因的变化使得反馈系数 F 增大，对于原平衡点 B 点来说 $AF>1$，此时为增幅振荡，即工作点向右移动，输出电压振幅 U_c 逐渐增大，电压增益 A 先增大后又减小，直到 Q_1 点重新满足 $AF=1$ 时进入新的平衡状态。当外因去掉后，反馈系数 F 又恢复到在 B 点时的原值，

此时对于 Q_1 点来说，由于反馈系数 F 减小，$AF<1$ 为减幅振荡，即工作点向左移动，输出电压振幅 U_c 逐渐减小，电压增益 A 逐渐增大，但是返回到 Q 点时由于满足 $AF=1$，故达到平衡状态，而不会继续返回到 B 点。同理，若某一外因的变化使得反馈系数 F 减小，平衡点 B 由于 $AF<1$ 为减幅振荡，即工作点向左移动，输出电压振幅 U_c 逐渐减小，电压增益 A 也逐渐减小，这种振幅衰减振荡直到振幅为零停止，即使外因去掉后也无法自动返回到原平衡点 B 点。由以上分析可知 B 点不是稳定平衡点。存在此种 A-U_c 特性曲线的振荡器必须外加较大的激励信号，使得振幅超过 B 点，电路进入图中的 Q 点才能进入稳定的平衡工作状态。这种外加激励的方式称为硬激励，而无须外加激励的振荡特性称为软激励。

由以往的分析可以得出结论，Q 点是稳定平衡点的原因是放大器的电压增益 A 与负载 LC 谐振回路输出电压振幅 U_c 的关系曲线斜率为负值，即平衡点的振幅稳定条件是

$$\left.\frac{\partial A}{\partial U_c}\right|_{U_c=U_{cQ}} \tag{5.2.9}$$

显然 B 点不满足以上条件，所以不是稳定平衡点。

2. 相位平衡的稳定条件

设振荡器具有图 5.8 所示的相频特性，Q 点在角频率 $\omega=\omega_c$ 时处于相位平衡状态，即满足式(5.2.8)的相位平衡条件 $\varphi_Y+\varphi_Z+\varphi_F=0$。现由于外界原因使得振荡器的相位平衡遭到破坏，假设产生一个正的增量 $\Delta\varphi_{YF}$，这意味着反馈电压 $\dot{U}_F$ 超前原输入电压 $\dot{U}_i$ 一个相角，振荡器经过不断地放大、反馈循环，振荡的周期不断缩短，振荡的频率不断提高，到达 Q_1 点。反之，若 $\Delta\varphi_{YF}$ 为负，即反馈电压 $\dot{U}_F$ 滞后原输入电压 $\dot{U}_i$ 一个相角，则振荡的周期不断增大，振荡的频率不断降低，到达 Q_2 点。这种外因引起的相位超前导致频率提高，相位滞后导致频率降低的关系可以表示为

$$\frac{\Delta\omega}{\Delta\varphi}>0 \tag{5.2.10}$$

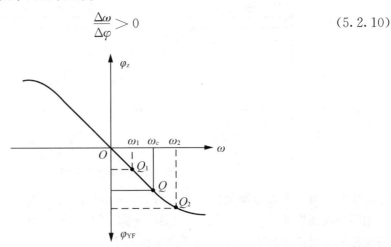

图 5.8 相频特性曲线

为了保持振荡器的相位平衡,振荡器应该具有自我恢复与调节的能力,在振荡器的频率发生变化时,能够自动产生一个新的相位变化,以抵消由外因引起的 $\Delta\varphi$ 变化,两者符号应该相反

$$\frac{\Delta\varphi}{\Delta\omega}<0 \tag{5.2.11}$$

写出偏微分的形式是

$$\frac{\partial\varphi}{\partial\omega}<0 \tag{5.2.12}$$

或

$$\frac{\partial(\varphi_Y+\varphi_Z+\varphi_F)}{\partial\omega}<0$$

由于 φ_F 和 φ_Y 对于频率的变化敏感性较小,因此可以得出振荡器的相位(频率)稳定条件是

$$\frac{\partial\varphi}{\partial\omega}\approx\frac{\partial\varphi_Z}{\partial\omega}<0 \tag{5.2.13}$$

式(5.2.13)说明振荡回路的相频特性曲线 $\varphi_Z=f(\omega)$ 在工作频率附近具有负的斜率时满足相位(频率)稳定条件。

5.3 互感耦合振荡器

晶体管放大电路有共射级、共基级和共集电极 3 种组态,其中共集电极放大电路的电压增益是 1,即为电压跟随器,因而不适用于振荡器。互感耦合振荡器根据 LC 振荡回路所处晶体管电极位置分为调射电路、调基电路和调集电路,因此晶体管互感耦合振荡电路分为共射调基型、共射调集型、共基调射型、共基调集型 4 种类型,如图 5.9 所示。

小贴士

当一线圈中的电流发生变化时,在临近的另一线圈中产生感应电动势,叫做互感现象。

由于基极和发射极之间的输入阻抗比较低,为了避免过多地影响回路的 Q 值,故在图 5.9(b)共射调基型所示电路中,晶体管与振荡回路做部分耦合。

对于互感耦合振荡器是否能够振荡的判断是利用瞬时极性法按以下步骤进行分析的。

(1) 根据放大电路类型确定晶体管输入端、输出端以及同相放大还是反相放大。

(2) 判断振荡器是否构成正反馈以满足相位平衡条件。

图 5.9 所示 4 个电路变压器同名端的标法均构成正反馈满足相位平衡条件。下面以图 5.9(a)、(b)为例进行分析。

图 5.9(a)所示为共基调集振荡器,共基级放大电路是发射极为输入端,集电极为输出端的同相放大电路。设发射极对地电位为高电平,则集电极对地电位同为高电平,因此电

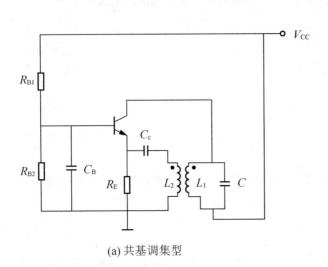
(a) 共基调集型

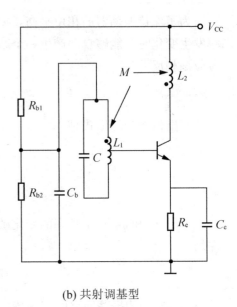
(b) 共射调基型

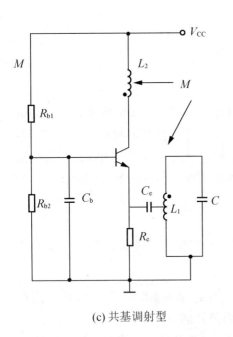
(c) 共基调射型

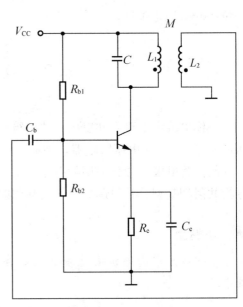
(d) 共射调集型

图 5.9　4 种类型的互感耦合振荡电路

感 L_1 侧带标记的同名端对地电位为高电平，通过互感耦合，电感 L_2 侧带标记的同名端对地电位为高电平，即通过互感耦合反馈到放大器输入端发射极的电位正好与原信号同相位，都是对地电位为高电平，因此构成正反馈，有可能产生振荡。

图 5.9(b)所示为共射调基振荡器，共射级放大电路是基极为输入端，集电极为输出端的反相放大电路。设基极对地电位为高电平，则集电极对地电位为低电平，因此电感

L_2 侧带标记的同名端对地电位为低电平，通过互感耦合，电感 L_1 侧带标记的同名端对地电位为低电平，另一侧对地电位为高电平，由于 L_1 侧带标记的同名端通过电容 C_b 对交流信号短路接地，因此电感 L_1 与晶体管基极相连处的对地电位为高电平，即通过互感耦合反馈到放大器输入端基极的电位正好与原信号同相位，都是对地电位为高电平，因此构成正反馈，有可能产生振荡。

图 5.9（c）和图 5.9（d）所示电路按照相同方法请读者自行分析。

互感耦合振荡器的振荡频率可近似由调谐回路的 L_1 和 C 决定，如图 5.9 所示电路的振荡频率为

$$f_0 \approx \frac{1}{2\pi\sqrt{L_1 C}} \tag{5.3.1}$$

互感耦合振荡器调整反馈 M 值对振荡频率几乎没有影响，但是由于分布电容的存在，在频率较高时，难于做出稳定性高的变压器，因此互感耦合振荡器的工作频率不宜过高，一般应用于中、短波波段。

5.4　LC 正弦波振荡器

5.4.1　LC 三点式振荡器相位平衡条件判断准则

图 5.10 所示是 LC 三点式振荡器基本结构，X_{be}、X_{ce} 和 X_{cb} 三个电抗元件构成了 LC 谐振回路。其中：$\dot{U}_i$ 是放大器的输入电压；$\dot{U}_o$ 是放大器的输出电压；$\dot{U}_f$ 是放大器的反馈电压；$\dot{I}$ 是回路谐振电流。在回路 Q 值较高的情况下，回路谐振电流 $\dot{I}$ 远大于晶体管的基极、集电极、发射极电流，因此根据图 5.10 所示电路中各电压、电流的参考方向有

$$\dot{U}_f = j\dot{I}X_{be} \tag{5.4.1}$$

$$\dot{U}_o = -j\dot{I}X_{ce} \tag{5.4.2}$$

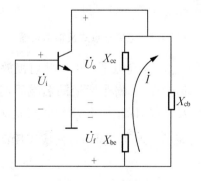

图 5.10　LC 三点式振荡器基本结构

为了满足 $\dot{U}_f$ 和 $\dot{U}_o$ 反相，必须满足 X_{be} 和 X_{ce} 电抗性质相同，即同为感性或同为容性。

同时，为了满足 LC 谐振回路谐振，必须有 $X_{be} + X_{ce} + X_{cb} = 0$，因此 X_{cb} 必须与 X_{be}、X_{ce} 电抗性质相反。

总结起来就是 LC 振荡器的晶体管基极—发射极之间和集电极—发射极之间的回路电抗性质相同，而与集电极—基极之间回路电抗性质相反。这一规律是用来判断 LC 振荡器是否满足相位平衡条件的基本准则，即

(1) X_{ce} 和 X_{be} 的电抗性质相同；

(2) X_{cb} 与 X_{ce}、X_{be} 的电抗性质相反；

(3) $X_{be} + X_{ce} + X_{cb} = 0$。

利用这个准则很容易判断 LC 振荡器的组成是否合理，是否可能起振。

5.4.2 电感三点式反馈振荡器

电感三点式反馈振荡器如图 5.11 所示。图 5.11(a)所示是电感反馈振荡器，也称为哈特莱(Hartley Oscillator)振荡器，由图 5.11(b)所示的交流等效电路可知，本电路的特点是晶体管的 3 个极交流连接于 LC 谐振回路电感的三端，因此 L_1 和 L_2 组成一个分压器，通常 L_1 和 L_2 绕在一个线圈上，互感为 M，同名端极性相同，L_1 两端电压大约是 L_2 两端电压的 2~5 倍。

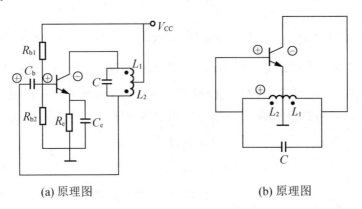

(a) 原理图　　　　　　　　　　(b) 原理图

图 5.11　电感三点式反馈振荡器

设输入电压为 $\dot{U}_i$，瞬时对地电压为高电平，由于共射极放大为反向放大，因此集电极输出电压瞬时对地为低电平，即电感 L_1 侧非标记同名端瞬时对地为低电平，由于 L_1 和 L_2 同名端极性相同，显然电感 L_2 侧非标记同名端瞬时对地为高电平，即通过电感 L_2 反馈到晶体管基极的电压 $\dot{U}_F$ 与原输入电压 $\dot{U}_i$ 同相，构成正反馈，满足了振荡器的相位平衡条件。

电感反馈振荡器反馈系数

$$F = \frac{L_1 + M}{L_2 + M} \tag{5.4.3}$$

可以证明,该电路的振幅起振条件为

$$\frac{y_{fe}}{y_{ie} y'_{oe}} > \frac{L_1 + M}{L_2 + M} > \frac{1}{y_{fe}} \tag{5.4.4}$$

其中:$y'_{oe} = y_{oe} + (1/R_P)$ 为考虑振荡回路阻抗后晶体管的等效输出导纳;R_P 为输出回路的谐振电阻。由于 $\frac{y_{fe}}{y_{ie} y'_{oe}} \gg \frac{1}{y_{fe}}$,因此该振荡器的反馈系数 F 取值范围较宽。

电感反馈振荡器的振荡频率为

$$f = \frac{1}{2\pi \sqrt{C(L_1 + L_2 + 2M) + \frac{y'_{oe}}{y_{ie}}(L_1 L_2 - M^2)}}$$
$$\approx \frac{1}{2\pi \sqrt{C(L_1 + L_2 + 2M)}} \tag{5.4.5}$$

电感反馈振荡器的优点是线路简单,容易起振,改变线圈抽头的位置就可以改变反馈系数 F。而改变回路电容 C 值调整频率时,对振荡器的反馈系数 F 基本没有影响,因此工作频带比电容反馈振荡器宽,使用非常方便。电感反馈振荡器的缺点是由于反馈支路是感性元件,对高次谐波反馈较强,即高次谐波在电感上产生的反馈压降较大,因此输出波形失真较大。其次,由于晶体管存在极间电容与回路电感并联,当工作频率较高时,对极间电容的影响较大,有可能使电抗的性质发生改变,因此,电感反馈振荡器的工作频率不能过高。

5.4.3 电容三点式反馈振荡器

电容三点式反馈振荡器如图 5.12 所示。图 5.12(a)所示是电容反馈振荡器,也称为考比兹(Colpitts Oscillator)振荡器。图中电阻 R_{b1}、R_{b2}、R_e 是直流偏置电阻,C_e 是旁路电容,C_b 是隔直电容。由图 5.12(b)所示的交流等效电路可知,本电路的特点是晶体管的 3 个极交流连接于 LC 谐振回路电容的三端,满足 LC 三点式振荡器相位平衡条件。同时 C_1 和 C_2 组成一个分压器,经验证明 C_2/C_1 的值应取在 $1/2 \sim 1/8$ 的范围内。

电容反馈振荡器的优点是线路简单,容易起振,改变 C_1、C_2 的比值就可以改变反馈系数 F。电容反馈振荡器由于反馈支路是容性元件,对高次谐波反馈较弱,即高次谐波在电容上产生的反馈压降较小,因此输出波形失真较小。其次,由于晶体管存在极间电容与回路电容并联,不存在电抗性质改变的问题,因此,电容反馈振荡器适用于较高的工作频率。

回路总电容为

$$C = \frac{C_1 C_2}{C_1 + C_2} \tag{5.4.6}$$

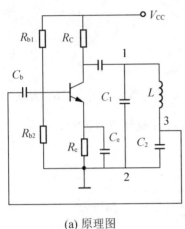 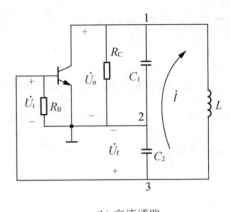

(a) 原理图　　　　　　　　　　　　(b) 交流通路

图 5.12　电容三点式反馈振荡器

所以振荡器的振荡频率等于

$$f_0 = \frac{1}{2\pi\sqrt{LC}} \tag{5.4.7}$$

电路的反馈系数近似为

$$\dot{F} = \frac{\dot{U}_f}{\dot{U}_o} \approx -\frac{C_1}{C_2} \tag{5.4.8}$$

【例题 5.4.1】

电容三点式振荡器如图 5.12(a)所示,已知晶体管静态工作点电流 $I_{EQ} = 0.8\text{mA}$,此时晶体管 $g_{ie} = 0.8\times10^{-3}\text{S}$,$g_{oe} = 4\times10^{-5}\text{S}$,谐振回路的 $C_1 = 100\text{pF}$,$C_2 = 360\text{pF}$,$L = 10\mu\text{H}$,空载 $Q = 80$,集电极电阻 $R_C = 4.3\text{k}\Omega$,$R_{B1} = R_{B2} = 10\text{k}\Omega$。$y_{re} = 0$,忽略正向导纳的相移,将 y_{fe} 用 g_m 表示,同时忽略晶体管的输入输出电容。求:

(1) 画出振荡器起振时的小信号等效电路;
(2) 计算振荡器的振荡频率 f_0;
(3) 放大电路谐振电压增益 $\dot{A}$;
(4) 电路反馈系数 $\dot{F}$;
(5) 并验证电路是否满足振幅起振条件。

解:(1) 图 5.13 是图 5.12 所示电路的高频小信号 Y 参数等效电路,由于晶体管的输入电容 C_{ie} 和输出电容 C_{oe} 比 C_1 和 C_2 小得多,若忽略它们的影响可得到图 5.13 所示电路中各元件折合到晶体管 ce 两端后(C_1 两端)的等效电路如图 5.14 所示。其中的 g'_p 为电感 L 的并联损耗电导 g_p 折算到 1、2 端后的值。

由于晶体管的输入电容 C_{ie} 和输出电容 C_{oe} 比 C_1 和 C_2 小得多,若忽略它们的影响,得到图 5.14 折合到晶体管 ce 两端后(C_1 两端)的等效电路。

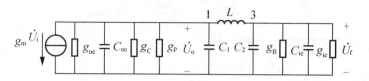

图 5.13 Y 参数等效电路

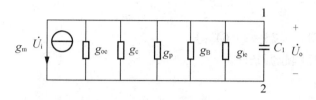

图 5.14 折合到 C_1 两端后的等效电路

(2) $C = \dfrac{C_1 C_2}{C_1 + C_2} = \left(\dfrac{100 \times 360}{100 + 360}\right)\text{pF} = 78.3\text{pF}$

$$f_0 = \dfrac{1}{2\pi\sqrt{LC}} = \dfrac{1}{2\pi\sqrt{10 \times 10^{-6} \times 78.3 \times 10^{-12}}}\text{MHz} = 5.69\text{MHz}$$

(3) 设

$$p_1 = \dfrac{1/C}{1/C_1} = \dfrac{C_1}{C} = \dfrac{C_1 + C_2}{C_2} = \dfrac{100 + 360}{360} = 1.28$$

因为

$$\dfrac{1}{g_P} = Q\sqrt{\dfrac{L}{C}}$$

所以

$$g'_P = p_1^2 g_P = \dfrac{p_1^2}{Q} \cdot \sqrt{\dfrac{C}{L}} = \dfrac{1.28^2}{80} \times \sqrt{\dfrac{78.3 \times 10^{-12}}{10 \times 10^{-6}}}\text{S} = 5.73 \times 10^{-5}\text{S}$$

$$p_2 = \dfrac{1/C_2}{1/C_1} = \dfrac{C_1}{C_2} = \dfrac{100}{360} = 0.28$$

$$R_B = \dfrac{R_{B1} R_{B2}}{R_{B1} + R_{B2}} = 5\text{k}\Omega, \quad g_B = \dfrac{1}{R_B}$$

所以

$$g'_B = p_2^2 g_B = 0.28^2 \times \dfrac{1}{5 \times 10^3}\text{S} = 1.54 \times 10^{-5}\text{S}$$

$$g'_{ie} = p_2^2 g_{ie} = 0.28^2 \times 0.8 \times 10^{-3}\text{S} = 6.17 \times 10^{-5}\text{S}$$

$$g_C = \dfrac{1}{R_C} = \dfrac{1}{4.3 \times 10^3}\text{S} = 23.26 \times 10^{-5}\text{S}$$

回路谐振电阻为

$$g_e = g_{oe} + g_c + g'_P + g'_B + g'_{ie}$$
$$= (4 + 23.26 + 5.73 + 1.54 + 6.17) \times 10^{-5}\text{S}$$
$$= 40.7 \times 10^{-5}\text{S}$$

$$g_m = \frac{I_{EQ}}{26\text{mV}} = \frac{0.8\text{mA}}{26\text{mV}} = 0.03 \text{ S}$$

所以，放大电路的谐振电压增益为

$$\dot{A} = \frac{\dot{U}_o}{\dot{U}_i} = \frac{-g_m}{g_e} = -\frac{0.03}{40.7 \times 10^{-5}} = 73.71$$

(4) $\dot{F} \approx -\dfrac{C_1}{C_2} = -\dfrac{100}{360} = -0.28$

(5) $\dot{A}\dot{F} = 73.71 \times 0.28 = 20.64 > 1$

因此电路满足振幅起振条件。

小贴士

振荡器的设计通常是进行近似的估算而选择合适的电路和工作点，选择晶体管、直流馈电线路、振荡回路 LC 元件、反馈回路元件等元件数值的选择，工作状态和元件的准确数值需要通过不断调整、调试而最终确定。

5.5 振荡器的频率问题

5.5.1 频率稳定度的意义

振荡器的频率稳定度是指由于外界条件的变化，引起振荡器的实际工作频率偏离标称频率的程度，是振荡器的一个非常重要的技术指标。因为通信设备、电子测量仪器等的频率是否稳定主要取决于这些设备中的主振器的频率稳定度。若通信系统的频率不稳，就可能使所接收信号部分甚至完全接收不到，影响通信可靠性；若电子测量仪器的频率不稳，就会造成较大的测量误差。因此提高振荡器的频率稳定度具有极其重要的实际意义。

频率稳定度在数量上通常用频率偏差表示，振荡器的实际工作频率 f 与标称频率 f_0 之间的偏差即为频率偏差，它分为绝对偏差与相对偏差两种。

绝对偏差为

$$\Delta f = f - f_0 \tag{5.5.1}$$

相对偏差为

$$\frac{\Delta f}{f_0} = \frac{f - f_0}{f_0} \tag{5.5.2}$$

而频率稳定度是表示频率随时间变化而产生的偏差，通常定义为在一定时间间隔内，振荡器频率的相对偏差的最大值，用 $\Delta f/f_0|_{\text{时间间隔}}$ 表示，这个数值越小频率稳定度越高。按照时间间隔长短的不同分为以下几种。

长期频率稳定度：一般指一天至几个月的相对频率变化的最大值。通常是由振荡器中元器件老化而引起。主要用来评价天文台或计量单位的高精度频率标准和计时设备的稳定指标。

短期频率稳定度:一般指一天以内,以小时、分钟或秒计的时间间隔内相对频率变化的最大值,通常称为频率漂移。主要由外界因素而引起,如温度、电源电压等。一般用来作为评价测量仪器和通信设备中主振器的频率稳定指标。

瞬时频率稳定度:一般指秒或毫秒内随机的频率变化,即频率的瞬间无规则变化,通常称为相位抖动或相位噪声,主要由振荡器内部噪声引起。

目前,一般短波、超短波发射极的相对频率稳定度要求是 $10^{-4} \sim 10^{-5}$ 量级,一些军用、大型发射机及精密仪器的要求是 10^{-6} 甚至更高,电视发射台的要求是 5×10^{-7} 量级。

5.5.2 影响频率稳定度的原因及稳频措施

令 $\varphi_{YF} = \varphi_Y + \varphi_F$,LC振荡器频率稳定度的一般表达式为

$$\frac{\Delta \omega_c}{\omega_c} \approx \frac{\Delta \omega_c}{\omega_0} = \frac{\Delta \omega_0}{\omega_0} + \frac{1}{2Q \cos^2 \varphi_{YF}} - \frac{\tan \varphi_{YF}}{2Q^2} \Delta Q \tag{5.5.3}$$

由式(5.5.3)可知,凡是影响 ω_0、φ_{YF}、Q 的外界因素都会影响到LC振荡器的频率稳定度,这些外界因素包括温度、电源、负载、机械振动、湿度、气压、电磁场等的变化。这些外界因素的变化将引起回路参数 L 与 C 的变化,或者引起回路电阻的变化,以及引起晶体管工作点和参数的变化,从而直接或间接的引起振荡器振荡频率不稳定,因此稳频措施主要有以下两种。

1. 减小外界因素的变化

减小外界因素变化的措施有很多,例如采用恒温措施以缩小温度的变化;采用高稳定度的直流稳压电源以提高电压的稳定度;在负载和振荡器之间增加一级射级跟随器作为缓冲减小负载的变化;采用减振器以减小机械振动;采用密封工艺或者固化来减小大气压力和湿度的变化;采用金属屏蔽的方法来减小电磁场的影响等。这些措施都可以一定程度的减小外界因素的变化,但是不能彻底消除外界因素变化。

2. 提高电路参数抗外界因素变化的能力

采用高 Q 值且参数稳定的回路电容器和电感器;回路选用正温度系数的电感和负温度系数的电容进行温度补偿,从而使因温度变化引起的电感和电容值的变化互相抵消;选用高稳定度LC振荡电路,从电路结构上抵抗外界因素变化带来的影响。由于 φ_{YF} 越小频率稳定度越高,而电容反馈振荡器的 φ_{YF} 要小于电感反馈振荡器,所以一般的高稳定度LC振荡器是电容三点式电路的改进形式。

5.6 高稳定度电容三点式反馈振荡器

一般的电容三点式振荡电路由于晶体管极间存在寄生电容,即晶体管的输出电容 C_{oe} 和输入电容 C_{ie},分别并联在回路电容 C_1、C_2 两端。寄生电容的大小受工作状态和外界条件影响,当寄生电容的值发生变化时会直接引起振荡器振荡频率的变化,造成振荡器频率的不稳定。为了减小晶体管极间电容引起的频率波动,可以采用高稳定度的电容三点式振荡器克拉泼(Clapp)振荡电路和西勒(Siler)振荡电路。

5.6.1 克拉泼振荡电路

克拉泼振荡电路如图 5.15 所示。

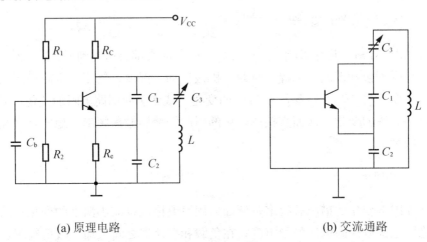

(a) 原理电路 (b) 交流通路

图 5.15 克拉泼振荡电路

其中图 5.15(a)所示的克拉泼振荡电路为改进型的电容三点式振荡器,与前述电容三点式反馈振荡器相比,在谐振回路的电感支路中增加了一个与电感串联的小电容 C_3,要求其满足 $C_3 \ll C_1$,$C_3 \ll C_2$,忽略晶体管寄生电容的前提下等效电路如图 5.15(b)所示,回路总电容 C 为

$$C \approx \frac{1}{\frac{1}{C_1} + \frac{1}{C_2} + \frac{1}{C_3}} \approx C_3 \tag{5.6.1}$$

由式(5.6.1)可见,回路总电容主要由 C_3 决定,C_1、C_2 对振荡器的影响很小,那么与 C_1、C_2 并联的晶体管寄生电容对回路电容的影响显著减小,因此对振荡频率的影响也随之显著减小。整个回路的振荡角频率近似等于

$$\omega_0 \approx \frac{1}{\sqrt{LC_3}} \tag{5.6.2}$$

同时，C_3 越小振荡器的频率稳定度就越高，但是，并不是 C_3 越小越好。假设电感 L 的并联损耗电阻为 R_0，将其等效到晶体管 ce 两端的等效负载电阻 R_L 为

$$R_L = \frac{R_0}{p^2} \tag{5.6.3}$$

其中接入系数 p 为

$$p = \frac{\frac{1}{C}}{\frac{1}{C_1}} \approx \frac{C_1}{C_3} \tag{5.6.4}$$

所以 $R_L = \left(\frac{C_3}{C_1}\right)^2 \cdot R_0$，由此可见 C_1 越大或者 C_3 越小，负载电阻 R_L 就越小，放大器增益就越低，有可能使环路增益不足振荡器停振。由此可见，克拉泼振荡电路引入 C_3 一方面减小了晶体管寄生电容对振荡器频率的影响，但是也使得回路电感的损耗电阻折合到 ce 两端的等效负载电阻 R_L 增大，对电路的起振不利，也就是提高了振荡器的起振条件。克拉泼振荡电路一般用于固定频率或波段范围较窄的场合，频率覆盖系数一般是 1.2~1.3。

5.6.2 西勒振荡电路

西勒振荡电路如图 5.16 所示。西勒振荡电路也为改进型的电容三点式振荡器，与前述克拉泼振荡电路相比谐振回路中的电感增加了一个与之并联的可变电容 C_4，同样满足 $C_3 \ll C_1$，$C_3 \ll C_2$，忽略晶体管寄生电容的前提下等效交流通路如图 5.16(b)所示，回路总电容 C 为

$$C \approx \frac{1}{\frac{1}{C_1}+\frac{1}{C_2}+\frac{1}{C_3}} + C_4 \approx C_3 + C_4 \tag{5.6.5}$$

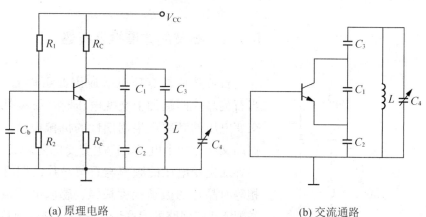

图 5.16 西勒振荡电路

整个回路的振荡角频率近似等于

$$\omega_0 \approx \frac{1}{\sqrt{LC}} \approx \frac{1}{\sqrt{L(C_3+C_4)}} \tag{5.6.6}$$

通过调节可变电容 C_4 的值来改变振荡器的频率。同时，由图 5.16（b）所示电路可知电感的并联损耗电阻 R_0 等效到晶体管 ce 两端时的接入系数 p 与克拉泼振荡电路相同，仍为

$$p \approx \frac{C_1}{C_3} \tag{5.6.7}$$

也就是说可变电容 C_4 的改变并不影响接入系数 p，即保持了克拉泼振荡电路中晶体管与回路耦合弱、频率稳定度高的优点。西勒振荡电路适用于较宽波段工作场合，频率覆盖系数可达 1.6～1.8。

小贴士

LC 振荡器有时会出现间歇振荡、频率拖曳、频率占据、寄生振荡等一些特殊现象，在多数情况下以上现象是应该避免的，但是在某些情况下也可以利用它们来完成特殊的电路功能。

5.7 石英晶体振荡器

上节介绍的克拉泼振荡电路和西勒振荡电路由于回路电感的 Q 值不可能达到很高而限制了其频率稳定度只能达到 10^{-4} 量级。但是，工程实际应用中常需要更高的频率稳定度，如广播发射机需要达到 10^{-5} 量级，单边带发射机要求达到 10^{-6} 量级等，显然普通的 LC 振荡器无法满足以前要求。石英晶体具有极高的 Q 值和良好的稳定性，本节介绍的石英晶体振荡器是将石英晶体作为振荡回路元件的电路，它具有很好的频率稳定度，一般可达 10^{-5}～10^{-11} 量级范围内。

5.7.1 石英晶体谐振器概述

石英晶片具有压电效应因此可以做成谐振器，当石英晶片两端加上交变电压时，石英晶片会随着交变电压的频率产生周期性的机械振动，同时机械振动又会在两个电极上产生交变电荷形成交变电流。当外加交变电压的频率与石英晶片的固有振动频率相等时晶片的振动幅度最强、感应电压最大，发生类似于 LC 回路的串联谐振现象，该现象称为石英晶体的压电谐振。不同型号的晶体具有不同的机械自然谐振频率。

石英晶体谐振器电路符号和等效电路如图 5.17 所示，图中 L_q 表示晶体的动态电感，一般从几十毫

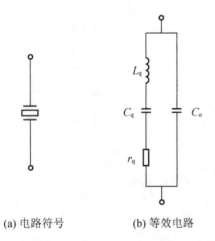

(a) 电路符号 (b) 等效电路

图 5.17 石英晶体谐振器

亨到几百亨；C_q 表示晶体管的动态电容，其值很小，一般为 10^{-3}pF 量级；r_q 表示晶体的动态电阻，一般从几欧到几百欧；C_o 为晶体管静态电容，一般约为 2~5pF。

石英晶体谐振器 L_q、C_q、r_q 支路的串联谐振频率为

$$\omega_q = \frac{1}{\sqrt{L_q C_q}} \tag{5.7.1}$$

L_q、C_q、C_o 构成的并联谐振频率为

$$\omega_p = \frac{1}{\sqrt{L_q \frac{C_q C_o}{C_q + C_o}}} = \omega_q \frac{1}{\sqrt{\frac{C_o}{C_q + C_o}}} = \omega_q \sqrt{1 + \frac{C_q}{C_o}} \tag{5.7.2}$$

因为 $C_o \gg C_q$，利用二项式展开并忽略高次项可得

$$\omega_p \approx \omega_q \left(1 + \frac{C_q}{2C_o}\right) \tag{5.7.3}$$

因此 ω_p 和 ω_s 相差很小。

由图 5.17（b）可得出石英晶体谐振器等效电路的总阻抗为

$$Z = \frac{\left(r_q + j\omega L_q + \frac{1}{j\omega C_q}\right) \cdot \frac{1}{j\omega C_o}}{\left(r_q + j\omega L_q + \frac{1}{j\omega C_q}\right) + \frac{1}{j\omega C_o}} = R + jX \tag{5.7.4}$$

若忽略 r_q，式(5.7.4)可近似为

$$Z = \frac{\left(j\omega L_q + \frac{1}{j\omega C_q}\right) \cdot \frac{1}{j\omega C_o}}{\left(j\omega L_q + \frac{1}{j\omega C_q}\right) + \frac{1}{j\omega C_o}}$$

$$= -j\frac{1}{\omega C_o} \cdot \frac{\omega L_q - \frac{1}{\omega C_q}}{\omega L_q - \frac{1}{\omega C_q} - \frac{1}{\omega C_o}} \tag{5.7.5}$$

$$= -j\frac{1}{\omega C_o} \cdot \frac{1 - \frac{\omega_q^2}{\omega^2}}{1 - \frac{\omega_p^2}{\omega^2}}$$

$$= jX$$

根据式(5.7.5)可以定性地做出石英晶体谐振器的阻抗频率特性曲线如图 5.18 所示，由图可以看出当 $\omega < \omega_q$ 和 $\omega > \omega_p$ 时 $X < 0$，表示在该频率范围内石英谐振器等效为容抗；当 $\omega_q < \omega < \omega_p$ 时 $X > 0$，表示在该频率范围内石英谐振器等效为感抗；当 $\omega = \omega_q$ 时 $X = 0$，即 $Z = 0$，石英晶体为串联谐振，相当于短路；当 $\omega = \omega_p$ 时 $X \to \infty$，即 $Z \to \infty$，石英晶体为并联谐振。因为在串、并联谐振频率 ω_p 和 ω_s 之间很窄的工作频率内具有陡峭的电抗特性曲线，因此石英晶体对频率变化具有极其灵敏的补偿能力。同时，由于石英晶体在静止时呈现出容性，所以作为振荡器不能使用其容性区间，否则无法判断石英晶体是处于静止还是处于工作状态。石英晶体谐振器必须工作在串、并联谐振频率 ω_p 和 ω_s 之间很窄的工

作频率内。一种使用方法是石英晶体谐振器工作在 $\omega_q < \omega < \omega_p$，将其作为等效电感使用，这类振荡器称为并联谐振型晶体振荡器；另一种使用方法是石英晶体谐振器工作在 $\omega = \omega_q$ 的串联谐振频率上，作为串联谐振元件使用，这类振荡器称为串联谐振型晶体振荡器。

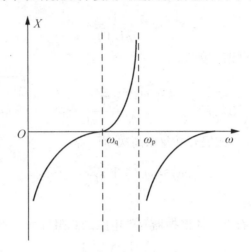

图 5.18　石英晶体谐振器的阻抗频率特性

5.7.2　石英晶体振荡器概述

1. 并联谐振型晶体振荡器

并联谐振型晶体振荡器是用石英晶体代替一般的三点式 LC 振荡器的一个电感元件，图 5.19 所示是联谐振型晶体振荡器的两种基本类型，其中图 5.19（a）称为皮尔斯电路（Pierce Circuit），相当于电容三点式振荡电路；图 5.19（b）称为密勒电路（Miller Circuit），相当于电感三点式振荡电路。

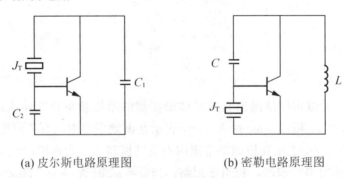

(a) 皮尔斯电路原理图　　　　　　(b) 密勒电路原理图

图 5.19　并联谐振型晶体振荡器

典型的皮尔斯振荡电路如图 5.20(a)所示。石英晶体等效为电感，C_b、C_e 和 C_c 均为交流耦合电容，其交流等效电路如图 5.20(b)所示，由图可知，它与克拉泼振荡电路形式一致，即在谐振回路的电感支路中（即石英晶体支路）增加了一个与电感串联的容抗可调节的

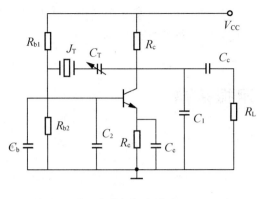
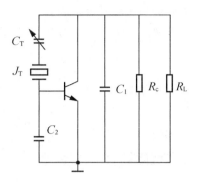

(a) 皮尔斯电路　　　　　　　　　　(b) 交流等效电路

图 5.20　皮尔斯振荡电路

小电容 C_T，通过微调晶体振荡器的振荡频率，同时减弱振荡管与晶体的耦合。

2. 串联谐振型晶体振荡器

图 5.21 所示为串联谐振型晶体振荡器，石英晶体工作在串联谐振频率时阻抗近似等于零，近似为短路，此时正反馈最强，满足相位平衡条件而构成电容三点式振荡电路。电路的振荡频率和频率稳定度都取决于石英晶体的串联谐振频率。

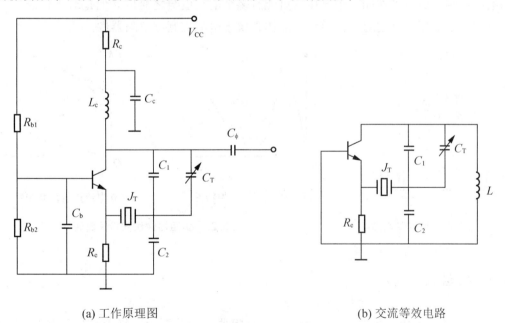

(a) 工作原理图　　　　　　　　　　(b) 交流等效电路

图 5.21　串联谐振型晶体振荡器

🔍 **小贴士**

石英晶体振荡器使用时的注意事项：①必须外加精度较高的微调电容作为负载电容；

②激励电平应在规定范围内;③晶体振荡器中一块晶体只能稳定一个频率;④在并联型晶体振荡器中当石英晶片失效时,石英谐振器可能发生振荡失去稳频作用。

5.8 负阻振荡器

5.8.1 负阻器件

负阻器件伏安特性曲线如图 5.22 所示,曲线斜率为负值,随着负阻器件两端电压的增加流过的电流反而减小,即负阻器件的增量电阻为负。若负阻器件上的交流电压变化量为 Δu,交流电流变化量为 $-\Delta I$,则负阻器件消耗功率的变化量为 $-\Delta u \Delta I$,负号表示器件消耗功率是负交流功率,器件是向外输出交流功率,起到了发电机的作用。但是负阻器件本身并不能产生能量,而是将电路中的直流能量转换成交流能量。

负阻器件分为电压控制型和电流控制型两大类,它们的伏安特性如图 5.23 所示,图(a)所示的电压控制型负阻器件同一个电流值可能有多个电压值与之对应,但是对于任意一个电压值只有一个电流值与之对应。隧道二极管属于电压控制型负阻器件;图(b)所示的电流控制型负阻器件同一个电压值可能有多个电流值与之对应,但是对于任意一个电流值只有一个电压值与之对应。单结型晶体管属于电流控制型负阻器件。

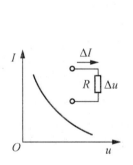

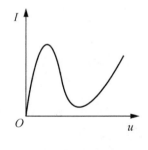

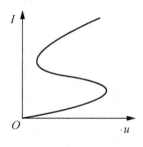

(a) 电压控制型负阻特性   (b) 电流控制型负阻特性

图 5.22 负阻器件伏安特性曲线   图 5.23 负阻器件伏安特性曲线

5.8.2 负阻振荡电路

图 5.24 所示是电压控制型负阻振荡器,负阻器件 D 为隧道二极管,R_1 和 R_2 构成分压电路,R_2 阻值很小可以降低直流电源 V_D 的等效内阻,V_D、R_1 和 R_2 构成隧道二极管的直流偏置电路,C_1 是高频旁路电容对交流短路。交流等效电路如图所示,其中 r_d 和 C_d 代表隧道二极管的等效电阻与结电容,R_p 是电感 L 的等效并联损耗电阻。负阻振荡电路的原理是当隧道二极管所呈现的负阻与 LC 振荡回路的损耗电阻 R_p 相等时,即隧道二极管向电路提

供的能量正好补偿回路的能量损耗时，电路就能维持稳定的等幅振荡。电路的起振条件是 $r_d < R_p$，此时产生增幅振荡；平衡条件是 $r_d = R_p$，此时产生等幅振荡；当 $r_d > R_p$ 时，电路产生衰减振荡。由图 5.24（b）可知振荡器的振荡频率为

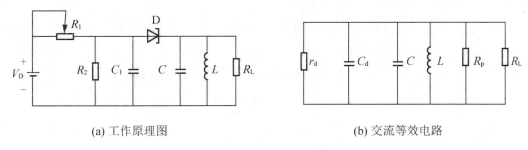

(a) 工作原理图　　　　　　　　　　　(b) 交流等效电路

图 5.24　电压控制型负阻振荡器

$$\omega_o = \frac{1}{\sqrt{L(C+C_d)}} \tag{5.8.1}$$

电路起振阶段负阻器件隧道二极管向 LC 回路提供的交流能量大于回路消耗的能量，回路增幅振荡，随着振荡幅度的增大，隧道二极管的负电阻绝对值也在增大，当其增大到 $r_d = R_p$ 时，电路平衡达到等幅振荡。

5.9　集成电路振荡器

集成电路是采用半导体制作工艺，在一块较小的单晶硅片上制作上许多晶体管、电阻器、电容器等元器件，并按照多层布线或隧道布线的方法将元器件组合成完整的电子电路。它在电路中用字母"IC"（也有用文字符号"N"等）表示。目前已经有专门按振荡器工作特点设计的集成电路，如 CA3005、E1648 等，只要外接 LC 谐振回路，就可以构成集成 LC 正弦波振荡器了。

由高频正弦波振荡的专用集成块 E1648 构成的高频振荡器如图 5.25 所示。

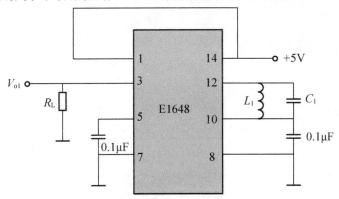

图 5.25　由 E1648 构成的高频正弦波振荡器

其振荡频率由 L_1 和 C_1 决定，其余电容均为滤波电容，则振荡频率为

$$f_0 = \frac{1}{2\pi\sqrt{L_1 C_1}} \tag{5.9.1}$$

E1648 的最高振荡频率可达 200MHz。

一般来说振荡器从 3 脚输出振荡信号 V_{o1}，但有时为了提高输出幅度，也可以从 1 脚输出振荡信号 V_{o2}；有时为了增加输出的幅度，也可从 1 脚输出振荡信号。在 1 脚输出时，应接上一谐振频率与 f_0 相同的 LC 回路并接入电源，才能增加输出幅度，如图 5.26 所示。

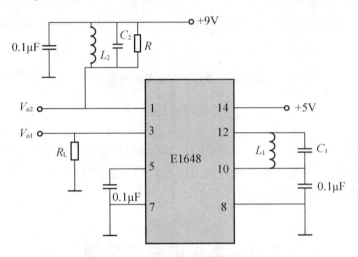

图 5.26　由 E1648 构成的能提高输出幅度的高频正弦波振荡器

本 章 小 结

1. 本章从振幅和相位两个方面介绍了反馈振荡器的起振条件、平衡条件和稳定条件。

（1）反馈振荡器的起振条件为

$$A_0 F > 1$$

$$\varphi_A + \varphi_F = 2n\pi \quad (n = 0, 1, 2, \cdots, n)$$

（2）反馈振荡器的平衡条件为

$$AF = 1$$

$$\varphi_A + \varphi_F = 2n\pi \quad (n = 0, 1, 2, \cdots, n)$$

（3）反馈振荡器的稳定条件

$$\left.\frac{\partial A}{\partial U_c}\right|_{U_c = U_{cQ}}$$

$$\frac{\partial \varphi}{\partial \omega} \approx \frac{\partial \varphi_Z}{\partial \omega} < 0$$

2. 介绍了正弦波振荡器的基本概念和原理，包括 LC 正弦波振荡器、石英晶体振荡

器、负阻振荡器和集成电路振荡器等，并通过实例说明这些振荡器的实际应用。

3. 通过介绍频率稳定度的概念与意义，分析了影响电路频率稳定的原因以及常用的稳频措施，并介绍了高频率稳定度的改进型电容三点式反馈振荡器、克拉泼振荡电路和西勒振荡电路。

思考题与练习题

5.1 填空题

1. 电压增益是 $\dot{A}$，反馈网络的反馈系数为 $\dot{F}$，那么反馈振荡器的振幅起振条件是_____；振幅平衡条件是_____。

2. 电压增益的相角是 φ_A，反馈系数的相角是 φ_F，那么反馈振荡器的相位起振条件是_____；相位平衡条件是_____。

3. LC 振荡器相位平衡条件的基本准则是 X_{ce} 和 X_{be} 的电抗性质_____；X_{cb} 与 X_{ce}、X_{be} 的电抗性质_____；$X_{be}+X_{ce}+X_{cb}=$ _____。

4. 影响到 LC 振荡器的频率稳定度的外界因素包括温度、_____、_____、_____、_____、_____、_____等的变化。

5. _____电容大小受工作状态和外界条件影响，当其值发生变化时会直接引起振荡器振荡频率的变化，造成振荡器频率的不稳定。

6. 石英晶片具有_____效应因此可以做成谐振器。

7. 负阻器件伏安特性曲线斜率为_____值，随着负阻器件两端电压的增加流过的电流_____。

5.2 简答题

1. 振荡器的起振条件、平衡条件和稳定条件是什么？它们有什么物理意义？与振荡电路参数有何关系？

2. 如图 5.27 所示电路中的互感耦合线圈标注正确的同名端，使之满足相位平衡条件。

3. 判断图 5.28 各高频交流等效电路是否可能振荡，能振荡的是哪种电路？

4. 分析图 5.29 所示振荡电路在以下 6 种情况是否可能振荡？振荡频率 f_0 与回路谐振频率有何关系？

(1) $L_1C_1 > L_2C_2 > L_3C_3$ (2) $L_1C_1 < L_2C_2 < L_3C_3$ (3) $L_1C_1 = L_2C_2 = L_3C_3$

(4) $L_1C_1 = L_2C_2 > L_3C_3$ (5) $L_1C_1 < L_2C_2 = L_3C_3$ (6) $L_2C_2 < L_3C_3 < L_1C_1$

5. 请说明图 5.30 所示振荡电路中各元件的作用；当 $L=1.5\mu H$ 时，要使得振荡频率为 50MHz，则 C_4 应该取多大？

5.3 计算题

1. 电容三点式振荡器如图 5.31 所示，已知晶体管静态工作点电流 $I_{EQ}=0.5mA$，此时晶体管 $g_{ie}=0.4\times 10^{-3}S$，$g_{oe}=2\times 10^{-5}S$，谐振回路的 $C_1=100pF$，$C_2=360pF$，$L=$

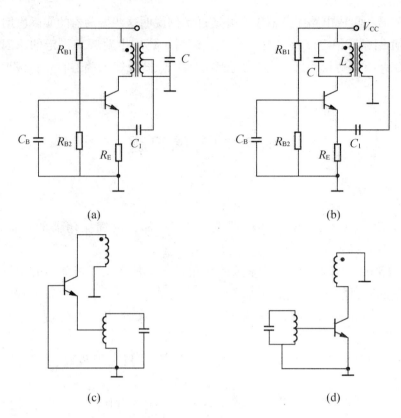

图 5.27 题 2 图

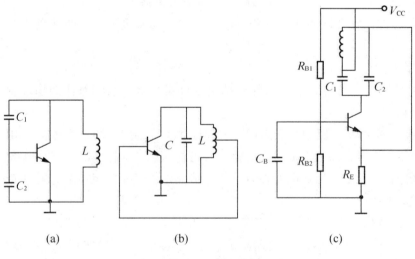

图 5.28 题 3 图

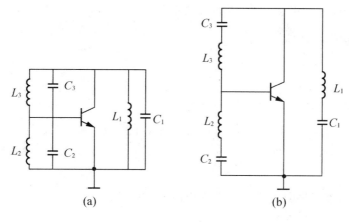

图 5.29　题 4 图

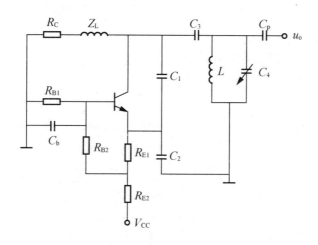

图 5.30　题 5 图

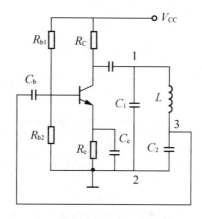

图 5.31　题 1 图

$10\mu H$，空载 $Q=60$，集电极电阻 $R_C=4.3 k\Omega$，$R_{B1}=R_{B2}=10 k\Omega$，$y_{re}=0$。忽略正向导纳的相移，将 y_{fe} 用 g_m 表示，同时忽略晶体管的输入输出电容。求：

(1) 画出振荡器起振时的小信号等效电路；

(2) 计算振荡器的振荡频率 f_0；

(3) 放大电路谐振电压增益 $\dot{A}$；

(4) 电路反馈系数 $\dot{F}$；

(5) 并验证电路是否满足振幅起振条件。

2. 变压器互感耦合振荡电路如图 5.32 所示，已知 $C_1 = 100\text{pF}$，$C_2 = 360\text{pF}$，$L = 10\mu\text{H}$，空载 $Q = 60$，$M = 20\mu\text{H}$，晶体管 $\varphi_{fe} = 0$，$g_{oe} = 2 \times 10^{-5}\text{S}$，忽略放大电路输入导纳的影响，求：

(1) 画出振荡器起振时的小信号等效电路；

(2) 计算振荡器的振荡频率 f_0；

(3) 放大电路谐振电压增益 $\dot{A}$；

(4) 电路反馈系数 $\dot{F}$；

(5) 并验证电路是否满足振幅起振条件。

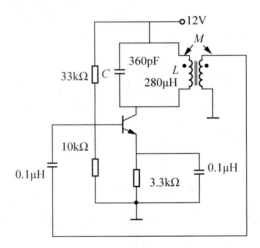

图 5.32 题 2 图

3. 已知石英晶片的参数为 $L_q = 5\mu\text{H}$，$C_q = 2.5 \times 10^{-3}\text{pF}$，$C_0 = 2\text{F}$，$r_q = 100\Omega$，求：

(1) 串联谐振频率 f_s；

(2) 并联谐振频率 f_p 与串联谐振频率 f_s 相差多少？

(3) 晶体管的品质因数和等效并联谐振电阻。

4. 图 5.33 所示为石英晶体振荡器，指出它们属于哪种类型的晶体振荡器，并说明石英晶体在电路中的作用。

5. 图 5.34 所示为某调幅通信机的主振电路，其中 $L_1 \approx 0.3\mu\text{H}$，$L_2 \gg L_1$，$C_3$ 和 C_4 分别为不同温度系数的电容，问：

(1) 说明各元件的主要作用；

(2) 画出交流等效电路；

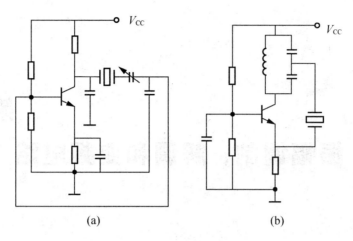

图 5.33 题 4 图

(3) 分析电路特点。

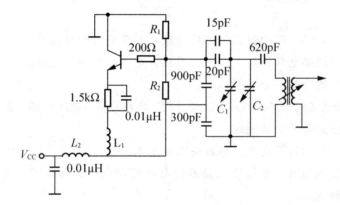

图 5.34 题 5 图

第6章 振幅调制、解调和变频电路

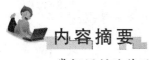

内容摘要

- 掌握调制的作用、分类，掌握调幅信号的数学表达式、波形、频谱、功率关系等基本特性。
- 掌握高电平调幅电路的组成、工作原理、电路分析和性能特点。
- 掌握低电平调幅电路的组成、工作原理、电路分析和性能特点。
- 掌握检波器的作用、分类。
- 掌握包络检波器的电路的组成、工作原理、电路分析、技术指标、失真等性能特点。
- 掌握同步检波器的检波原理。
- 了解变频器的作用、定义、频谱关系等基本特性。
- 掌握二极管混频器、三极管混频器的电路的组成、工作原理、电路分析、技术指标等性能特点。

本章知识结构

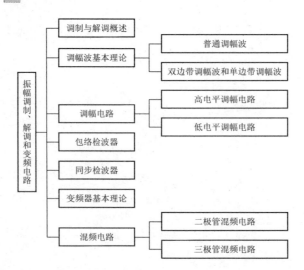

第6章 振幅调制、解调和变频电路

■ 导入案例

案例一

调幅广播(AM 广播)是一种利用振幅调变技术的广播方式。调幅是 20 世纪主要的广播技术，一直到现在仍然广泛地使用中。美国中央情报局 CIA 统计全世界约有 16 265 个调幅广播电台。

调幅广播始于 1906 年由 Reginald Fessenden 建立的实验，直到第一次世界大战成为地方性的广播电台。在接下来的十年，调幅广播技术大幅度的成长。第一款民用晶体管收音机称为 Regency TR-1，于 1954 年 10 月 18 日由美国印第安纳州的印第安纳波利斯市工业发展工程师协会 Regency 部研制。第一家商业调幅电台始于 1920 年。一般收音机所接收的调幅广播(AM 广播)就是指在中波(MW，Medium Wave)波段的调幅广播。依据国际电信联盟(ITU)的规范，在台湾、港澳、中国大陆所属的第三区(Region 3)，即包括：俄罗斯除外的亚洲，自伊朗(含)以东，至澳洲与大洋洲的区域中，中波广播使用 526.5～1606.5 kHz 的中频频段，各频道中心频率数字为 9 的倍数，自 531～1602 kHz，频道间隔为 9 kHz。至于美洲所在的第二区(Region 2)，则使用 520～1 610 kHz，频道间隔 10 kHz。使用高频频段的短波广播一般也是使用调幅技术，但需使用具有短波接收功能的收音机才能接收，借由短波可由大气电离层反射的特性，因此主要用作跨国性的大区域广播，但也正因如此，接收效果会受大气状况变化的影响。

图 6.1 早期调幅交流电子管收音机

图 6.2 早期调幅广播收音机

图 6.3 现代数字式调幅、调频多功能广播收音机

案例二

混频是指将信号从一个频率变换到另外一个频率的过程,其实质是频谱线性搬移的过程。在超外差接收机中,混频的目的是保证接收机获得较高的灵敏度,足够的放大量和适当的通频带,同时又能稳定地工作。混频器的应用比较广泛,比如鉴相、可变衰减器、相位调制器、单边带调制器等。

图 6.4 所示是 LT5578 混频器是一款高性能变频混频器,专为 0.4~2.7GHz 范围内的频率而优化。单端 LO 输入和 RF 输出端口简化了电路板布局,并降低了系统成本。该混频器仅需 −1dBm 的 LO 功率,而且平衡设计产生了至 RF 输出的低 LO 信号泄漏。在 1.9GHz 工作频率条件下,LT5578 提供了 −0.7dB 的转换增益、24.3dBm 的高 OIP3 和一个 −158dBm/Hz 的低噪声层(在 −5dBm RF 输出信号电平条件下)。被广泛用于 GSM 900PCS/1800PCS 和 W-CDMA 基础设施、WiMAX 基站、无线转发器等场合。

图 6.4 LT5578 混频器

图 6.5 HYH-1600 电视信号混合器是为有线电视多频道的邻频前端系统设计的专用混频设备。电路结构采用传输变压器式耦合方式,用于 1000MHz 邻频宽带传输系统。谐波输出低、反射损耗大、驻波小、相互隔离度高、插入损耗低、输入频带宽。16 路射频信号输入,混合成一路射频信号输出,一路信号监测输出。每一路指标都相同,输入频道互换性好。19 英寸标准机箱,便于安装。广泛应用于各类有线电视系统,卫星电视系统、小区闭路电视、监控系统、宾馆、酒店、部队、学校教育视听系统等,能很好地满足大、中型有线电视系统的配置要求。

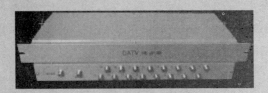

图 6.5 HYH-1600 电视信号混合器

第6章 振幅调制、解调和变频电路

引言

调幅广播发射机是将语音信号经声电变换后进行放大，并加载到高频载波信号的振幅中，再经过高频功率放大后通过天线发射出去；调幅广播的解调有直接放大式接收机和超外差接收机两种。解调过程也称为检波，是把载波信号振幅中所携带的语音信号取出的过程。混频器是超外差接收机的重要组成部分，高频信号和本地振荡信号经过混频后变为频率固定的中频信号。

6.1 振幅调制与解调概述

6.1.1 调制概述

无线电发送是以自由空间为传输信道，把需要传送的信息变换成无线电波传送到远方接收点。在利用无线电技术进行信息传输的过程中，在发送端把将要传送的低频电信号加载到高频振荡波上，再由天线发射出去的过程称为调制；其中要传送的低频电信号称为基带信号，该低频信号是声音、图像、数据等原始消息转变而来；将完成运载工具作用的高频振荡波称为载波，载波可以是正弦波、三角波、锯齿波、方波等。调制与解调都是频谱的变换过程，都需要使用非线性器件完成。

小贴士

载波就像是"交通工具"；基带信号（低频信号）是乘坐交通工具的"乘客"；调制就是使"乘客"坐上"交通工具"的过程，不同的调制方法类似与乘客坐在交通工具的不同位置；解调就是使"乘客"从"交通工具"下来的过程。

为什么要调制而不能直接把信号发送出去呢？首先，信息传输有以下两个目的：
(1) 远距离传输；
(2) 实现多路传输。
以下是直接发送信号存在的问题以及解决方法。
(1) 电磁波波长、频率、光速（$C = 3 \times 10^8$m/s）的关系为$C = \lambda \cdot f$，基带信号为低频信号，对应的波长较大。例如，语音信号频率范围大致为20Hz～20kHz，对应波长范围大致为15×10^5～15×10^3m。发送无线电波要求天线长度必须和波长相近，这么大尺寸的天线制作困难、无法保障安全工作。解决方法就是提高发射的电磁波频率从而减小天线尺寸，将音频信号加载到高频载波信号中发射。
(2) 各个电台发射信号的频率范围相同，接受者无法选择需要的接收信号，解决方法是不同电台采用不同的高频振荡频率。
所谓的将低频信号的基带信号"加载"到高频振荡波上，就是利用基带信号控制高频振荡波的某一个参数，即振幅、频率、相位，与之对应的就是调幅、调频、调相3种不同的调制方法。

将基带信号加载到高频振荡信号的振幅中的调制称之为振幅调制。根据调制方式的不同振幅调制信号又分为普通调幅波、抑制载波的双边带调幅和单边带调幅。

实现调幅的电路分为高电平调幅电路和低电平调幅电路。

（1）高电平调幅的调制过程在高电平级进行，通常在丙类放大器中进行调制。

例如，基极调幅电路、集电极调幅电路等。

（2）低电平调幅电路调制过程在低电平级进行，需要的调制功率较小。例如，单二极管调幅电路、二极管平衡调幅电路、二极管环形调幅电路和集成模拟乘法器调幅电路等。

6.1.2 检波概述

解调是调制的逆过程，是从高频已调信号中不失真的还原出基带信号的过程，即得到原有信息的过程，又称之为检波。完成调幅信号解调功能的电路称之为振幅检波器，简称检波器。

检波器输入信号与输出信号的波形关系如图6.6所示。

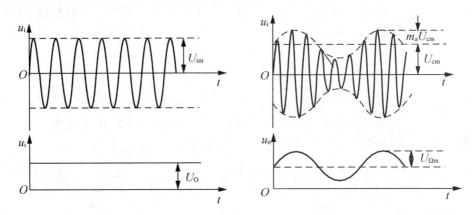

图6.6 检波器输入、输出信号的波形

从图6.6可知，当输入信号是高频等幅波 $u_i(t) = U_{im}\cos\omega t$ 时，检波器的输出信号是直流电压 $u_o(t) = U_o$，完成这种功能的检波器在测量仪器中应用较多。例如，高频伏特计的探头采用的就是这种检波器。

当输入信号是普通调幅波 $u_i(t) = U_{cm}[1 + m_a\cos\Omega t]\cos\omega_c t$ 时，检波器的输出信号是 $u_o(t) = U_{cm}[1 + m_a\cos\Omega t]$，此信号还原出来的是提高了一个直流偏置 U_{cm} 的基带信号。完成这种功能的检波器应用较为广泛，例如调幅接收机的检波器。

图6.7所示是检波器检波输入、输出信号的频谱，由此可以看出检波就是将调幅信号的频谱由高频搬移到低频。检波器的频谱变换过程也需要用到非线性器件产生多频率分

量,然后通过低通滤波器滤除无用的频率分量,取出所需的原调制信号。

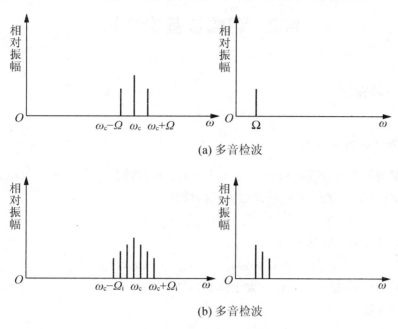

图 6.7 检波器检波前、后的频谱

综上所述,检波器由三部分组成,高频信号输入回路、非线性器件和低通滤波器,其组成框图如图 6.8 所示。

图 6.8 检波器组成框图

根据检波器所用非线性器件的不同,可以分为二极管检波器和三极管检波器;根据工作特点的不同可以分为包络检波器和同步检波器;根据信号大小的不同可以分为大信号检波器和小信号检波器。

小贴士

锗材料点接触型检波二极管工作频率可达 400MHz,其正向压降小,结电容小,检波效率高,频率特性好,为 2AP 型,除用于检波外,还用于限幅、削波、调制、混频、开关等电路。

6.2 调幅波基本理论

6.2.1 普通调幅波

1. 普通调幅波的表达式

普通调幅波又称为标准调幅波，用 AM 表示。设载波信号为 $u_c(t) = U_{cm}\cos\omega_c t$，调制信号为 $u_\Omega(t) = U_{\Omega m}\cos\Omega t$，则普通调幅波的振幅为

$$U_m(t) = U_{cm} + k_a u_\Omega(t) \tag{6.2.1}$$

普通调幅波的数学表达式为

$$u_{AM}(t) = U_m\cos\omega_c t = [U_{cm} + k_a u_\Omega(t)]\cos\omega_c t \tag{6.2.2}$$

其中：载波信号角频率 ω_c 远远大于调制信号角频率 Ω（单位为 rad/s）；k_a 为比例系数，又称为调制灵敏度。

小贴士

调制灵敏度是指使发射机产生规定调制的输入信号电压：如对调频发射机、调制灵敏度是指能产生最大允许频偏的 60% 的调制时 1000Hz 正弦输入信号电压，用 mV 或 dB 表示。在通信原理角度看，调制灵敏度就是已调载波的变化量与调制信号的比值。

普通调幅波的数学表达式也可以定义为

$$\begin{aligned} u_{AM}(t) &= U_m\cos\omega_c t \\ &= U_{cm}\left[1 + k_a\frac{U_{\Omega m}}{U_{cm}}\cos\Omega t\right]\cos\omega_c t \\ &= U_{cm}[1 + m_a\cos\Omega t]\cos\omega_c t \end{aligned} \tag{6.2.3}$$

其中 $m_a = k_a U_{\Omega m}/U_{cm}$ 为调制指数。

图 6.9 分别给出了 $m_a < 1, m_a = 1, m_a > 1$ 3 种情况下的普通调幅波波形，可以看出 $m_a > 1$ 时波形产生严重失真，称为过量调制，这是应该避免的。

2. 普通调幅波的频谱

为了说明普通调幅波的频谱特征，可以采用频域表示法，利用三角公式将式(6.2.3)展开：

$$u_{AM}(t) = U_{cm}\cos\omega_c t + \frac{1}{2}m_a U_{cm}\cos(\omega_c + \Omega)t + \frac{1}{2}m_a U_{cm}\cos(\omega_c - \Omega)t \tag{6.2.4}$$

上式表明单频调制信号的普通调幅波由 3 个频率分量组成，载波分量 ω_c、上边频分量 $\omega_c + \Omega$、下边频分量 $\omega_c - \Omega$，单音调制的调幅波频谱如图 6.10 所示。

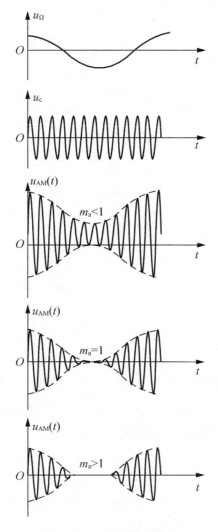

图 6.9 AM 调制信号波形

由图 6.10 可见，单音调制时其调幅波的频带宽度为调制信号频率的两倍，即

$$\text{BW} = 2F \tag{6.2.5}$$

若调制信号不是单一频率的余弦波而是包含若干频率分量的复杂波形，例如语言信号频率范围大致为 300～3400Hz，经调制后各个频率产生各自的上、下边频，叠加后形成上、下边频带，数学表达式为

$$u_{\text{AM}}(t) = U_{\text{cm}}\cos\omega_c t + \frac{U_{\text{cm}}}{2}\sum_{i=1}^{n} m_i[\cos(\omega_c+\Omega_i)t + \cos(\omega_c-\Omega_i)t] \tag{6.2.6}$$

多音调制的调幅波频谱如图 6.11 所示。

由图 6.11 可知，多音调制时信号的最高频率为 $f_c + F_{\max}$，最低频率为 $f_c - F_{\max}$，因此调幅波所占据的频带宽度等于调制信号最高频率的两倍，即

$$\text{BW} = 2F_{\max} \tag{6.2.7}$$

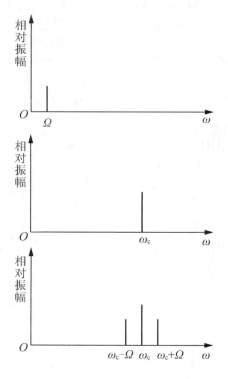

图 6.10　单音调制的调幅波频谱　　　图 6.11　多音调制的调幅波频谱

由普通调幅波的频谱图可以看出，该调制过程实质是频谱的一种线性搬移过程，调制信号的频谱由低频搬移到频率较高的载频附近，形成上、下边频带。

🔍 **小贴士**

积化和差公式：$2\sin\alpha\sin\beta = -\cos(\alpha+\beta) + \cos(\alpha-\beta)$
$2\cos\alpha\cos\beta = \cos(\alpha+\beta) + \cos(\alpha-\beta)$
$2\sin\alpha\cos\beta = \sin(\alpha+\beta) + \sin(\alpha-\beta)$
$2\cos\alpha\sin\beta = \sin(\alpha+\beta) - \sin(\alpha-\beta)$

3. 普通调幅波的功率关系

根据单频信号的频域表示法可知，普通调幅波在负载电阻为 R_L 上消耗的功率包括 3 部分。

(1) 载波功率为

$$P_{oT} = \frac{1}{2}\frac{U_{cm}^2}{R_L} \qquad (6.2.8)$$

(2) 每个边频功率为

$$P_{SSB1} = P_{SSB2} = \frac{1}{2R_L}\left(\frac{m_a U_{cm}}{2}\right)^2 = \frac{1}{4}m_a^2 P_{oT} \qquad (6.2.9)$$

(3) 调制信号一个周期内平均总功率为

$$P_{AV} = P_{oT} + P_{SSB1} + P_{SSB2} = \left(1 + \frac{m_a^2}{2}\right)P_{oT} \qquad (6.2.10)$$

(4) 峰值包络功率为

$$P_{max} = \frac{1}{2}\frac{(1+m_a)^2 U_{cm}^2}{R_L} = (1+m_a)^2 P_{oT} \qquad (6.2.11)$$

式(6.2.9)~式(6.2.11)表明调幅波的边频功率随着 m_a 的增大而增大,当 $m_a=1$ 时边频功率最大,此时上、下边频功率之和是载波功率的一半,而 $P_{AV}=\frac{2}{3}P_{oT}$,即不含信息的载波功率占总功率的三分之二,而包含调制信息的上、下边频功率只占总功率的三分之一。在实际应用中平均的调幅指数为 0.3,此时载波功率在总功率中所占比例更高,造成了极大的能量浪费。这是普通调幅波本身存在的缺点。由于这种调制方法的调制与解调设备比较简单,目前在中、短波无线电广播中仍被采用。

🔍 **小贴士**

式(6.2.8)~式(6.2.11)计算的是平均功率,是各功率在 $-\pi \sim +\pi$ 周期内的积分,例如载波功率平均功率为:$P_{oT} = \frac{1}{2\pi}\int_{-\pi}^{+\pi}\frac{u_c^2}{R_L}\mathrm{d}\omega_c t = \frac{1}{2}\frac{U_{cm}^2}{R_L}$

6.2.2 双边带调幅信号和单边带调幅信号

由于载波信号不携带信息且占据较大的功率,为了提高发射效率可以只发射上、下边频带而不发射载波,这种调幅信号称为抑制载波的双边带调幅信号,用 DSB 表示,数学表达式为

$$\begin{aligned}u_{DSB}(t) &= k_a \cdot u_\Omega(t) \cdot u_c(t) = k_a \cdot U_{\Omega m}\cos\Omega t \cdot U_{cm}\cos\omega_c t \\ &= \frac{k_a}{2}U_{\Omega m}U_{cm}[\cos(\omega_c+\Omega)t + \cos(\omega_c-\Omega)t]\end{aligned} \qquad (6.2.12)$$

双边带调幅波的波形和频谱如图 6.12 所示,由式(6.2.12)可知,由于满足 $k_a>0$,所以双边带信号振幅值 $k_a U_{\Omega m}U_{cm}\cos\Omega t$ 可正可负,在 $u_\Omega(t)$ 的正半周 $u_{DSB}(t)$ 与载波同相,在 $u_\Omega(t)$ 的负半周 $u_{DSB}(t)$ 与载波反相,因此当 $u_\Omega(t)$ 自正值或负值通过零值变化时,双边带调幅信号波形均产生 180°的相位突变。可见,双边带调幅波的包络已经不能完全准确的反应低频调制信号的变化规律。

由图 6.12(d)双边带调幅波的频谱图可见,该调幅也是把调制信号的频谱不失真的搬移到载波的两边,所以双边带调幅电路也是频谱搬移电路。

因为双边带调幅波不包含载波,发射的全部功率是上、下边频都载有信息,功率有效利用率远高于普通调幅波。为了节约发射功率、减少频谱宽度,可以只发射一个边频带(上边频带或下边频带)。

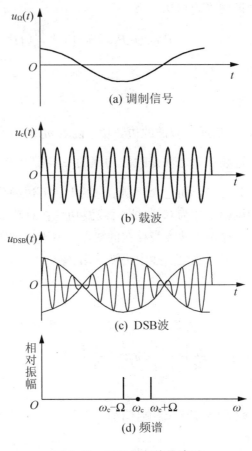

图 6.12　DSB 调制信号波形

6.2.3　振幅调制电路组成

从前面的分析可知，AM、DSB 和 SSB 信号都是将调制信号的频谱线性搬移到载波信号频谱上去，产生新的频率分量 $\omega_c+\Omega$ 或者 $\omega_c-\Omega$，因此振幅调制电路中应包含能产生此频率分量的非线性器件，将载波信号和调制信号输入到非线性器件后能够将两项的乘积项作为输出。集成模拟乘法器、具有平方律特征的二极管、三极管都是可以完成调幅功能的非线性器件。一般来说，振幅调制电路是由输入回路、非线性器件和带通滤波器 3 部分组成，其中带通滤波器的功能是取出调幅波的频率、抑制无用频率。

振幅调制电路分为高电平调幅和低电平调幅两种。高电平调幅电路是在高频功率放大电路中进行的，将调制与功率放大合二为一，调制后的信号可以直接发送出去。这种调幅主要用于 AM 信号的产生；低电平调幅电路的调制与功率放大是分开的，调制后的信号需要经过功率放大电路后才能发送出去。这种调幅主要用于 DSB、SSB 以及后续介绍的调频（FM）信号的产生。

小贴士

滤波器是根据某一特定的性能要求实现对信号的频谱进行处理的电路,按频率特性可以分为低通、高通、带通和带阻滤波器。

6.3 高电平调幅电路

许多广播发射机采用高电平调幅电路产生 AM 信号,高电平调幅电路分为集电极调幅、基极调幅、集电极—基极或集电极—发射极组合调幅。其基本原理是利用改变某一电极的直流电压以控制集电极高频电流的振幅。

6.3.1 集电极调幅电路

图 6.13 所示为集电极调幅原理图,将调制信号 $u_\Omega(t)$ 加到丙类高频功率放大电路中,与直流电源 V_{CC} 串联,此时丙类高频功率放大电路集电极电源电压等于 $u_\Omega(t) + V_{CC}$,并且随着调制信号的规律变化。根据 4.3 节丙类功率放大器改变集电极电源电压对工作状态的影响分析可知,在过压状态下集电极电流的基波分量 I_{c1m} 与集电极电源电压成正比变化,因此,集电极输出回路输出的高频电压振幅将跟随调制信号的波形变化,从而输出调幅波。为了获得有效的调幅波,集电极调幅电路必须总是工作于过压区。

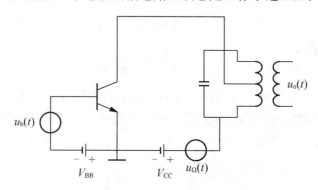

图 6.13 集电极调幅电路

集电极调幅电路输出功率高、效率高,适用于较大功率的调幅发射机中,且只能产生普通调幅波,下面分析它的功率和效率关系。

设丙类功率放大器基极激励信号电压为 $u_b = U_{bm}\cos\omega_c t$,那么 $u_{BE} = V_{BB} + U_{bm}\cos\omega_c t$,设调制信号电压为 $u_\Omega(t) = U_{\Omega m}\cos\Omega t$,则集电极电源电压为 $V_{C\Omega} = V_{CC} + u_\Omega(t) = V_{CC} + U_{\Omega m}\cos\Omega t = V_{CC}(1+m_a\cos\Omega t)$,其中调制指数 $m_a = U_{\Omega m}/V_{CC}$,当调制信号振幅 $U_{\Omega m}$ 等于直流直流电压 V_{CC} 时 $m_a = 1$,实现 100% 调幅。

当 $u_\Omega(t) = 0$ 时的功率和效率与第 3 章介绍的完全一致,即

直流电源 V_{CC} 提供的输入直流功率

$$P_D = V_{CC} I_{C0} \tag{6.3.1}$$

输出功率

$$P_O = 0.5 U_{cm} I_{c1m} = 0.5 I_{c1m}^2 R_p = 0.5 U_{cm}^2 / R_p \tag{6.3.2}$$

集电极损耗功率

$$P_C = P_D - P_O \tag{6.3.3}$$

集电极效率

$$\eta_C = P_O / P_D \tag{6.3.4}$$

当 $u_\Omega(t) \neq 0$ 时,由于 $V_{C\Omega} = V_{CC}(1 + m_a \cos\Omega t)$,所以有

$$I_{C0\Omega} = I_{C0}(1 + m_a \cos\Omega t) \tag{6.3.5}$$

$$I_{c1\Omega} = I_{c1m}(1 + m_a \cos\Omega t) \tag{6.3.6}$$

调幅波峰值点(最大点)的电流和电压最大值为

$$V_{C\Omega max} = V_{CC}(1 + m_a) \tag{6.3.7}$$

$$I_{C0\Omega max} = I_{C0}(1 + \cos\Omega t) \tag{6.3.8}$$

$$I_{c1\Omega max} = I_{c1m}(1 + \cos\Omega t) \tag{6.3.9}$$

对应的功率和效率如下所示。

有效电源 $V_{C\Omega}$ 提供的输入直流功率为

$$P_{Dmax} = V_{C\Omega max} I_{C0\Omega max} = P_D (1 + m_a)^2 \tag{6.3.10}$$

输出功率为

$$P_{Omax} = 0.5 I_{c1\Omega max}^2 R_P = P_O (1 + m_a)^2 \tag{6.3.11}$$

集电极损耗功率为

$$P_{Cmax} = P_{Dmax} - P_{Omax} = P_C (1 + m_a)^2 \tag{6.3.12}$$

集电极效率为 $\eta_{Cmax} = P_{Omax} / P_{Dmax} = P_O / P_D = \eta_C$ (6.3.13)

在线性调幅时集电极被调丙类放大器的平均直流电流不变,集电极有效电源电压 $V_{C\Omega}$ 提供的总平均输入直流功率为

$$\begin{aligned} P_{Dav} &= \frac{1}{2\pi} \int_{-\pi}^{\pi} V_{C\Omega} I_{C0\Omega} \mathrm{d}(\Omega t) \\ &= \frac{1}{2\pi} \int_{-\pi}^{\pi} V_{CC}(1 + m_a \cos\Omega t) I_{C0}(1 + m_a \cos\Omega t) \\ &= P_D \left(1 + \frac{m_a^2}{2}\right) \end{aligned} \tag{6.3.14}$$

调制信号 $u_\Omega(t)$ 的平均功率为

$$P_\Omega = P_{Dav} - P_D = \frac{m_a^2}{2} P_D \tag{6.3.15}$$

在调制信号一周期内的平均输出功率为

$$P_{\text{oav}} = \frac{1}{2\pi}\int_{-\pi}^{\pi}\frac{1}{2}I_{c1\Omega}^2 R_p \text{d}(\Omega t)$$

$$= \frac{1}{2\pi}\int_{-\pi}^{\pi}\frac{1}{2}I_{c1m}^2(1+m_a\cos\Omega t)^2 R_p \text{d}(\Omega t) \quad (6.3.16)$$

$$= P_{\text{O}}\left(1+\frac{m_a^2}{2}\right)$$

在调制信号一周期内的平均集电极损耗功率为

$$P_{\text{cav}} = P_{\text{Dav}} - P_{\text{oav}} = P_{\text{C}}\left(1+\frac{m_a^2}{2}\right) \quad (6.3.17)$$

在调制信号一周期内的平均集电极效率为

$$\eta_{\text{cav}} = P_{\text{oav}}/P_{\text{Dav}} = \eta_{\text{C}} \quad (6.3.18)$$

综上所述可以得出如下几点结论。

(1) 集电极调幅必须工作于过压区。

(2) 在调制信号一个周期内的各类平均功率是在载波状态时对应功率的 $\left(1+\dfrac{m_a^2}{2}\right)$ 倍。

(3) 总输入功率由 $V_{\text{C}\Omega}$ 提供,即由 V_{CC} 和 $u_\Omega(t)$ 共同提供,其中 V_{CC} 供给用以产生载波功率的直流功率 P_{D};$u_\Omega(t)$ 供给用以产生边带功率的平均输入功率 P_Ω。

(4) 选择晶体管时应满足晶体管的最大损耗功率大于平均集电极损耗功率,即 $P_{\text{cM}} > P_{\text{cav}}$。

(5) 在调幅波最大值时的各类功率是在载波状态时对应功率的 $(1+m_a)^2$ 倍。

(6) 集电极调幅电路在调制过程中效率不变,工作效率高。

(7) 因为调制信号源 $u_\Omega(t)$ 需要提供输入功率,故调制信号源 $u_\Omega(t)$ 一定是功率源,大功率集电极调幅就需要大功率的调制信号源,这是集电极调幅的主要缺点。

6.3.2 基极调幅电路

图 6.14 所示为基极调幅原理图,基极调幅电路也是将调制信号 $u_\Omega(t)$ 加到丙类高频功

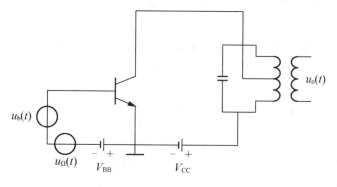

图 6.14 基极调幅电路

率放大电路中，与基极的直流电压 V_{BB} 串联，使得基极偏压随着调制信号变化。根据 4.3 节丙类功放改变基极电源电压对工作状态的影响分析可知，在欠压工作状态下输出电流随着基极偏压的变化而变化，因此实现输出电流随着调制信号的变化而变化。

由于基极调幅电路必须工作在欠压状态，集电极效率低，一般只能用于功率不大、对失真要求较低的发射机中。

6.4 低电平调幅电路

6.4.1 单二极管调幅电路

图 6.15 所示是单二极管调幅电路，二极管 D 在 $u_c(t)$ 和 $u_\Omega(t)$ 两个信号作用下工作，其中 $u_c(t)$ 是振幅足够大的信号，$u_\Omega(t)$ 是振幅较小的小信号。二极管 D 的导通或截止完全受 $u_c(t)$ 的控制，近似认为二极管处于理想开关状态，二极管导通电阻为 r_d。

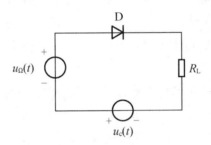

图 6.15 单二极管调幅电路

🔍 小贴士

PN 结加正向电压时，可以有较大的正向扩散电流，即呈现低电阻，我们称 PN 结导通；PN 结加反向电压时，只有很小的反向漂移电流，呈现高电阻，我们称 PN 结截止。这就是 PN 结的单向导电性。

在 $u_c(t)$ 正半周二极管导通，在 $u_c(t)$ 负半周二极管截止，电路电流可以写成分段函数的形式：

$$i = \begin{cases} \dfrac{1}{r_d + R_L}[u_c(t) + u_\Omega(t)] & u_c(t) > 0 \\ 0 & u_c(t) < 0 \end{cases} \tag{6.4.1}$$

设开关函数 $K(\omega_c t) = \begin{cases} 1 & u_c(t) > 0 \\ 0 & u_c(t) < 0 \end{cases}$，则电路电流可以表示为

$$i = \frac{1}{r_d + R_L} K(\omega_c t)[u_c(t) + u_\Omega(t)] \tag{6.4.2}$$

设 $u_c(t) = U_{cm}\cos\omega_c t$，$u_\Omega(t) = U_{\Omega m}\cos\Omega t$。因为 $u_c(t)$ 是周期信号，所以 $K(\omega_c t)$ 是周期与 $u_c(t)$ 相同的周期信号，即振幅为 1、角频率为 ω_c 的矩形脉冲序列，如图 6.16 所示。

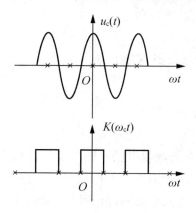

图 6.16 载波信号与开关函数

周期为 T、角频率为 ω 的信号 $f(t)$ 可以进行如下的傅里叶级数展开：

$$f(t) = \frac{a_0}{2} + \sum_{n=1}^{\infty} a_n \cos(n\omega t) + \sum_{n=1}^{\infty} b_n \sin(n\omega t) \tag{6.4.3}$$

其中：$a_0 = \frac{2}{T}\int_{-\frac{T}{2}}^{\frac{T}{2}} f(t)\mathrm{d}t$；$a_n = \frac{2}{T}\int_{-\frac{T}{2}}^{\frac{T}{2}} f(t)\cos(n\omega t)\mathrm{d}t$ $n=1,2\cdots$；$b_n = \frac{2}{T}\int_{-\frac{T}{2}}^{\frac{T}{2}} f(t)\sin(n\omega t)\mathrm{d}t$ $n=1,2\cdots$。

由图 6.16 可知，$K(\omega_c t)$ 在 $\left[-\frac{T}{2},\frac{T}{2}\right]$ 的一个周期内，在区间 $\left[-\frac{T}{4},\frac{T}{4}\right]$ 内值为 1，其余部分值为 0。

开关函数 $K(\omega_c t)$ 傅里叶级数展开式中的系数值为

$$a_0 = \frac{2}{T}\int_{-\frac{T}{4}}^{\frac{T}{4}} 1\cdot \mathrm{d}t = 1;$$

$$a_n = \frac{2}{T}\int_{-\frac{T}{4}}^{\frac{T}{4}} 1\cdot \cos(n\omega t)\mathrm{d}t = \frac{2}{n\pi}\sin\frac{n\pi}{2} \quad n=1,2\cdots;$$

$$b_n = \frac{2}{T}\int_{-\frac{T}{4}}^{\frac{T}{4}} 1\cdot \sin(n\omega t)\mathrm{d}t = 0 \quad n=1,2\cdots。$$

因此

$$K(\omega_c t) = \frac{1}{2} + \frac{2}{\pi}\cos\omega_c t - \frac{2}{3\pi}\cos 3\omega_c t + \frac{2}{5\pi}\cos 5\omega_c t - \cdots \tag{6.4.4}$$

将式(6.4.4)代入式(6.4.2)中，可得

$$i = \frac{1}{r_d + R_L}\left(\frac{1}{2} + \frac{2}{\pi}\cos\omega_c t - \frac{2}{3\pi}\cos 3\omega_c t + \frac{2}{5\pi}\cos 5\omega_c t - \cdots\right) \\ \times [U_{cm}\cos\omega_c t + U_{\Omega m}\cos\Omega t] \tag{6.4.5}$$

将式(6.4.5)展开并积化和差后，电流 i 的频谱成分包含 ω_c、Ω、$\omega_c \pm \Omega$、$(2n+1)\omega_c \pm$

Ω、$2n\omega_c$ 和直流分量。将其通过中心频率为 ω_c、带宽为 2Ω 的带通滤波器后，在负载电阻 R_L 上输出电压只包含 ω_c 和 $\omega_c \pm \Omega$ 这 3 个频率成分，构成普通调幅波。

🔍 小贴士

单二极管调幅电路中二极管工作半个周期，"休息"半个周期因此工作效率低。

6.4.2　二极管平衡调幅电路

图 6.17 所示为双二极管平衡调幅电路，图中变压器均为理想变压器，变压器 T_{r1} 的匝数比为 1∶2，变压器 T_{r2} 的匝数比为 2∶1，$u_c(t)$ 信号所在支路为 T_{r1} 二次侧和 T_{r2} 一次侧的中心抽头。根据 2.3 节接入系数的理论可知，将负载电阻 R_L 折合到 T_{r2} 的一次侧后的等效电阻为 $4R_L$，对应到上、下回路的等效电阻分别为 $2R_L$，图 6.18 所示为双二极管平衡调幅电路的等效电路图。

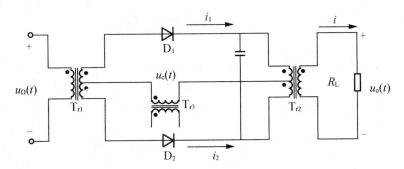

图 6.17　双二极管平衡调幅电路

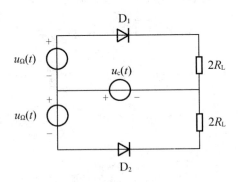

图 6.18　双二极管平衡调幅电路等效电路

🔍 小贴士

电阻接入系数计算公式为 $R'_L = \dfrac{1}{p^2} R_L$。

由图 6.18 可见二极管 D_1、D_2 均在 $u_c(t)$ 的正半周导通，负半周截止，因此两个二极管的开关函数相同，均为 $K(\omega_c t)$，电路中各电流参考方向如图 6.18 所示，则有

$$i_1 = \frac{1}{r_d + 2R_L} K(\omega_c t)[u_c(t) + u_\Omega(t)] \tag{6.4.6}$$

$$i_2 = \frac{1}{r_d + 2R_L} K(\omega_c t)[u_c(t) - u_\Omega(t)] \tag{6.4.7}$$

折合到图 6.12 变压器 Tr_2 二次侧后电流 i 为

$$\begin{aligned} i &= i_1 - i_2 = \frac{2u_\Omega(t)}{r_d + 2R_L} K(\omega_c t) \\ &= \frac{2U_{\Omega m}\cos\Omega t}{r_d + 2R_L}\left(\frac{1}{2} + \frac{2}{\pi}\cos\omega_c t - \frac{2}{3\pi}\cos 3\omega_c t + \frac{2}{5\pi}\cos 5\omega_c t - \cdots\right) \end{aligned} \tag{6.4.8}$$

将式(6.4.8)展开并积化和差后，电流 i 的频谱成分包含 Ω、$\omega_c \pm \Omega$、$(2n+1)\omega_c \pm \Omega$。由于两个二极管的平衡作用，负载电阻 R_L 上的电流频谱成分少于单二极管调幅电路，不包含直流分量、载波分量 ω_c 及载波分量的偶数倍频率。电流通过中心频率为 ω_c、带宽为 2Ω 的带通滤波器后，在负载电阻 R_L 上输出的电压只包含 $\omega_c \pm \Omega$ 两个频率成分，构成双边带调幅波 DSB。

6.4.3 二极管环形调幅电路

图 6.19 所示为二极管环形调幅电路，可以看成是两个二极管平衡调幅电路的组合，其中二极管 D_1、D_2 在 $u_c(t)$ 正半周导通，负半周截止；二极管 D_3、D_4 在 $u_c(t)$ 正半周截止，负半周导通。即在 $u_c(t)$ 的任意时刻均有一组二极管处于导通工作的状态。

小贴士

平衡调幅中两个二极管仍然只工作半个周期，"休息"半个周期因此工作效率低；而环形调幅电路中四个二极管在载波信号的整个周期中，始终有一组处于工作状态，因此工作效率高！

图 6.19(b)中流过负载电阻 R_L 的电流 i_1 的分析过程与图 6.12 所示平衡调幅电路一致，即

$$i' = i_1 - i_2 = \frac{2u_\Omega(t)}{r_d + 2R_L} K(\omega_c t) \tag{6.4.9}$$

图 6.19(c)中由于二极管 D_3、D_4 在 $u_c(t)$ 的负半周导通，因此它们的开关函数为

$$K(\omega_c t - \pi) = \begin{cases} 0 & u_c(t) > 0 \\ 1 & u_c(t) < 0 \end{cases} \tag{6.4.10}$$

将其进行傅里叶级数展开得到

$$K(\omega_c t - \pi) = \frac{1}{2} - \frac{2}{\pi}\cos\omega_c t + \frac{2}{3\pi}\cos 3\omega_c t - \frac{2}{5\pi}\cos 5\omega_c t + \cdots \tag{6.4.11}$$

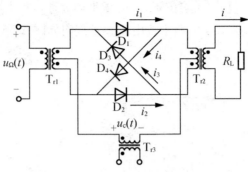

(a) 环形调幅电路

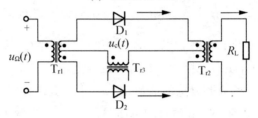

(b) 载波信号正半周时的等效电路

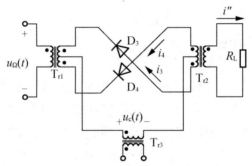

(c) 载波信号负半周时的等效电路

图 6.19　二极管环形调幅电路

电路中各电流参考方向如图 6.19 所示，则

$$i_3 = \frac{1}{r_d + 2R_L} K(\omega_c t - \pi)[-u_c(t) - u_\Omega(t)] \tag{6.4.12}$$

$$i_4 = \frac{1}{r_d + 2R_L} K(\omega_c t - \pi)[-u_c(t) + u_\Omega(t)] \tag{6.4.13}$$

流过负载电阻 R_L 的电流 i'' 为

$$i'' = i_3 - i_4 = \frac{-2u_\Omega(t)}{r_d + 2R_L} K(\omega_c t - \pi) \tag{6.4.14}$$

因此，流过负载电阻 R_L 的总电流为

$$\begin{aligned} i = i' + i'' &= \frac{2u_\Omega(t)}{r_d + 2R_L}[K(\omega_c t) - K(\omega_c t - \pi)] \\ &= \frac{2U_{\Omega m}\cos\Omega t}{r_d + 2R_L}\left(\frac{4}{\pi}\cos\omega_c t - \frac{4}{3\pi}\cos3\omega_c t + \frac{42}{5\pi}\cos5\omega_c t - \cdots\right) \end{aligned} \tag{6.4.15}$$

将式(6.4.16)展开并积化和差后，电流的频谱成分与二极管平衡调幅相比减少了 Ω 分量，其他频率分量且振幅提高了 2 倍。电流通过中心频率为 ω_c、带宽为 2Ω 的带通滤波器后，在负载电阻 R_L 上输出的电压只包含 $\omega_c \pm \Omega$ 两个频率成分，仍然是构成双边带调幅波 DSB。

小贴士

傅里叶级数是法国数学家 J.—B.—J. 傅里叶在研究偏微分方程的边值问题时提出。从而极大地推动了偏微分方程理论的发展。在中国，程民德最早系统研究多元三角级数与多元傅里叶级数。

6.4.4 集成模拟乘法器调幅电路与混频

集成模拟乘法器用于输出电压是输入电压（信号）和转换电压（载波）乘积的场合，广泛应用在调幅及解调、混频等电路中。MC1496 是一种集成模拟乘法器，图 6.20 所示为其引脚图，它只适用于频率比较低的场合，一般工作在 1MHz 以下的频率。它有两个输入端对和一个输出端对，是三端对非线性有源器件，8、10 端称为 X 输入端，用 u_1 或 u_X 表示；4、1 端称为 Y 输入端，用 u_2 或 u_Y 表示；6、12 端称为输出端。应用时需要在两个输入端对之间外加偏置直流电压（即在 8 与 10 端、4 与 1 端加直流电压），方能正常工作。传输特性方程为

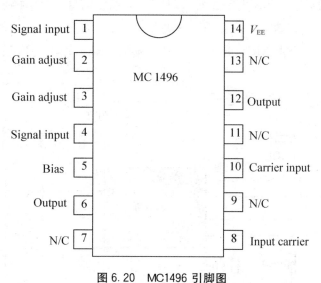

图 6.20　MC1496 引脚图

$$u_o = A_M u_1 u_2$$

其中：A_M 是模拟乘法器的增益系数。

差值输出电流为

$$i = \frac{2u_2}{R_Y} th \frac{u_1}{2U_T}$$

(6.4.16)

其中：R_Y 等于 MC1496 的 2、3 脚之间外加反馈电阻值；$U_T = \dfrac{kT}{q}$，当 $T = 300\text{K}$ 时，$U_T \approx 26\text{mV}$。

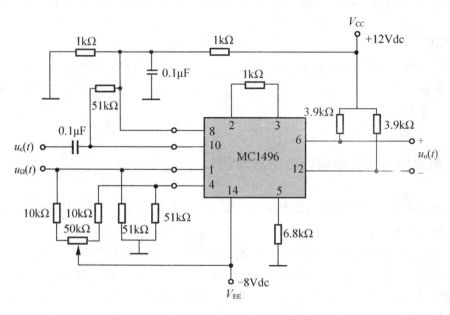

图 6.21　MC1496 构成的调幅电路

MC1496 构成的双边带调制电路如图 6.21 所示，载波信号 $u_c(t)$ 加到 X 输入端，调制信号 $u_\Omega(t)$ 加到 Y 输入端，输出为 $u_{\text{DSB}}(t)$。该电路采用双电源供电，正负电源均为直流电压。

图 6.22 所示为一个由 MC1496 构成的宽带输入、调谐输出的双平衡混频器电路。本

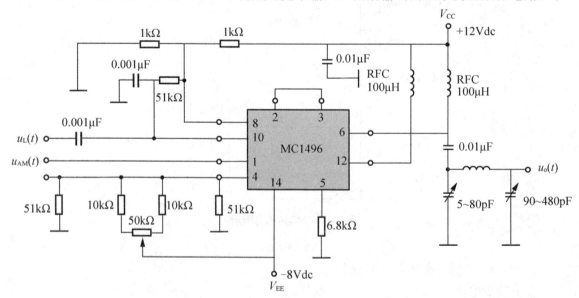

图 6.22　MC1496 构成的混频器

地振荡信号 $u_L(t)$ 加到 X 输入端，普通调幅信号 $u_{AM}(t)$ 加到 Y 输入端，输出 $u_o(t)$ 为混频后信号。其中本地振荡信号 $u_L(t)$ 的振幅有效值的最佳值为 100mV。混频器基本原理详见 6.7.1 节。

6.5 包络检波器

包络检波是指检波器的输出电压直接反映输入高频调幅波包络变化规律的一种检波方式，适用于普通调幅波的解调。本节介绍二极管大信号包络检波器，这里大信号是指输入信号振幅大于 0.5V。

6.5.1 包络检波器工作原理

图 6.23 所示是二极管包络检波器原理图，它由输入回路、二极管和 RC 低通滤波器组成，其中负载电阻 R 数值较大；C 为负载电容，选取时应满足在输入为高频信号时阻抗远小于 R，可视为短路；而在输入为低频信号时阻抗远大于 R，可视为开路。

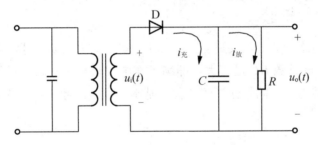

图 6.23 二极管包络检波器原理图

检波器输入高频信号为普通调幅波 $u_i(t)=U_{cm}[1+m_a\cos\Omega t]\cos\omega_c t$，输出电压 $u_o(t)$ 与电容 C 上电压 $u_c(t)$ 相等。电路接通时电容 C 上的初始电压为 0，此时负载电容 C 阻抗很小，高频信号 $u_i(t)$ 可认为全部加到二极管 D 上，在 $u_i(t)$ 正半周时二极管导通，电容 C 充电。二极管导通内阻 r_d 较小，因此充电电流较大，充电时间常数 $r_d C$ 较小，充电速度很快。此时作用在二极管两端的电压为输入信号 $u_i(t)$ 和电容电压 u_c 之差，二极管是否导通由该差值电压决定。随着电容 C 上电压的增加，在 $t=t_1$ 时刻，二极管两端的电压为 0，二极管截止，充电回路电流为 0，电容 C 通过负载电阻 R 放电。放电时间常数 RC 远大于充电时间常数，所以放电速度很慢。在 $t=t_2$ 时刻，$u_i(t)$ 电压和电容电压 u_c 再次相等，随后的 t 时段 $u_i(t)$ 电压大于电容电压 u_c，二极管导通，电容 C 再次充电。这样循环往复，得到如图 6.24 所示的电压波形。由此可见，大信号的检波过程就是利用二极管的单向导电性和负载 RC 的充放电来实现的。

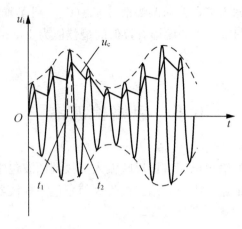

图 6.24 检波电压波形

🔍 小贴士

检波电路中实现充放电的电容一般是电解电容,金属箔为正极(铝或钽),与正极紧贴的金属的氧化膜(氧化铝或五氧化二钽)是电介质,阴极由导电材料、电解质(电解质可以是液体或固体)和其他材料共同组成,因电解质是阴极的主要部分,电解电容因此而得名。同时电解电容正负不可接错。

二极管大信号包络检波器只要适当的选择 R、C 参数和二极管 D,满足充电时间常数 r_dC 足够小,放大时间常数 RC 足够大,即满足充电很快放电很慢,就可以使得输出电压信号起伏很小,近似与输入的普通调幅波包络基本一致,因此二极管大信号包络检波器又被称为峰值包络检波器。

6.5.2 包络检波器分析及技术指标

1. 包络检波器分析

设输入调幅波为高频等幅波 $u_i = U_{im}\cos\omega_i t$,根据上一节的分析可知,输出 u_o 为直流信号,二极管两端电压 $u_D = -u_o + U_{im}\cos\omega_i t$。设二极管阀值电压为 U_{BZ},二极管导通电阻为 r_d,二极管导通电导为 g_d,由二极管检波电路原理图 6.23 可知二极管两端电压 $u_D = u_i - u_o$,流过二极管的电流为

$$i_D = \begin{cases} g_d(u_D - U_{BZ}) & u_D \geqslant U_{BZ} \\ 0 & u_D < U_{BZ} \end{cases} \quad (6.5.1)$$

由此得出图 6.25 所示二极管电流波形为

图 6.25 中二极管电流 i_D 为周期性余弦脉冲信号,分析方法与高频功率放大器折线分析法相同,利用傅里叶级数进行展开,即

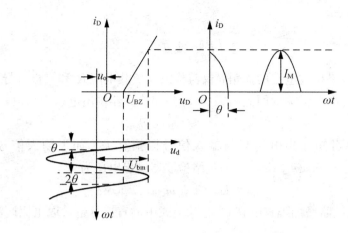

图 6.25 检波电路波形图

$$i_D = I_0 + I_{1m}\cos\omega_i t + I_{2m}\cos2\omega_i t + \cdots I_{nm}\cos n\omega_n t$$

直流分量 $I_0 = \alpha_0(\theta)I_M$,其中 $\alpha_0(\theta) = \dfrac{1}{\pi}\dfrac{\sin\theta - \theta\cos\theta}{1 - \cos\theta}$

基波分量振幅 $I_{1m} = \alpha_1(\theta)I_M$,其中 $\alpha_1(\theta) = \dfrac{1}{\pi}\dfrac{\theta - \sin\theta\cos\theta}{1 - \cos\theta}$

n 次谐波分量振幅 $I_{nm} = \alpha_n(\theta)I_M$,其中 $\alpha_n(\theta) = \dfrac{2}{\pi}\dfrac{\sin n\theta\cos\theta - n\sin\theta\cos n\theta}{n(n^2 - 1)(1 - \cos\theta)}$,$n > 1$

由图 6.25 可知 $u_D \geqslant U_{BZ}$ 二极管导通时

$$i_D = g_d(-u_o + U_{im}\cos\omega_i t - U_{BZ}) \tag{6.5.2}$$

当 $\omega_i t = \theta$ 时,$i_D = 0$,即 $g_d(-u_o + U_{im}\cos\theta - U_{BZ}) = 0$,因此

$$\cos\theta = \dfrac{u_o + U_{BZ}}{U_{im}} \tag{6.5.3}$$

$$u_o = U_{im}\cos\theta - U_{BZ} \tag{6.5.4}$$

当 $\omega_i t = 0$ 时,$i_D = I_M$,即

$$I_M = g_d(-u_o + U_{im} - U_{BZ}) = g_d U_{im}\left(1 - \dfrac{U_{BZ} + u_o}{U_{im}}\right) = g_d U_{im}(1 - \cos\theta) \tag{6.5.5}$$

由上式可得直流分量

$$I_0 = \dfrac{g_d}{\pi}U_{im}(\sin\theta - \theta\cos\theta) \tag{6.5.6}$$

经低通滤波器取出的直流电压为 $u_o = I_0 R = \dfrac{Rg_d}{\pi}U_{im}(\sin\theta - \theta\cos\theta)$,根据式(6.5.3),将式(6.5.6)左端除 $\dfrac{u_o + U_{BZ}}{U_{im}}$,右端除 $\cos\theta$,且设 $u_o \gg U_{BZ}$,则得

$$\tan\theta - \theta \approx \dfrac{\pi}{Rg_d} \tag{6.5.7}$$

当 $\theta < \pi/6$ 时,$\tan\theta$ 的傅里叶级数为 $\tan\theta = \theta + \dfrac{1}{3}\theta^3 + \dfrac{2}{15}\theta^5 + \cdots$,忽略第三项及之后项,

代入式(6.5.7)得

$$\theta = \sqrt[3]{\frac{3\pi}{Rg_d}} \text{ 或 } \theta = \sqrt[3]{\frac{3\pi r_d}{R}} \tag{6.5.8}$$

由此可知，包络检波电路的通角 θ 仅与检波器负载电阻 R 和二极管导通电阻 r_d 有关，与输入调幅波信号类型无关。因此由式(6.5.4)知检波器输出电压为常数，忽略 U_{BZ}，即

$$u_o \approx U_{im}\cos\theta \tag{6.5.9}$$

由式(6.5.9)可知输出电压只与输入信号振幅有关。如果输入信号为普通调幅波 $u_{AM}(t)=U_{cm}[1+m_a\cos\Omega t]\cos\omega_c t$，则包络检波器输出电压为

$$u_o \approx U_{cm}[1+m_a\cos\Omega t]\cos\theta \tag{6.5.10}$$

图 6.26 所示电路增加隔直电容 C_c 滤除上式中的直流分量，取出原调制信号。

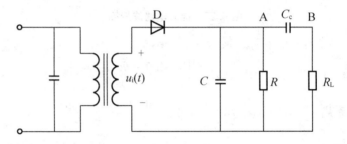

图 6.26　加隔直电容后的二极管包络检波器

包络检波器的输出电压为

$$u_A \approx U_{cm}[1+m_a\cos\Omega t]\cos\theta \tag{6.5.11}$$

$$u_B \approx U_{cm} m_a\cos\Omega t \cdot \cos\theta \tag{6.5.12}$$

2. 包络检波器技术指标

1) 电压传输系数（检波效率）

当输入为高频等幅波时电压传输系数的定义是输出直流电压与输入高频等幅波振幅的比值，即

$$K_d = \frac{U_O}{U_{im}} = \frac{U_{im}\cos\theta}{U_{im}} = \cos\theta \tag{6.5.13}$$

当输入为高频调幅波时电压传输系数的定义是输出的原调制信号振幅与输入的普通调幅波包络变化的振幅之比，即

$$K_d = \frac{U_{\Omega m*}}{m_a U_{im}} = \frac{m_a U_{im}\cos\theta}{m_a U_{im}} = \cos\theta \tag{6.5.14}$$

因此，大信号包络检波电路的电压传输系数 K_d 是一个与输入信号的类型无关的常数。

2) 等效输入电阻

检波器的等效输入电阻定义为输入高频电压振幅与流过检波器二极管的高频电流的基波振幅之比，即

$$R_{\text{id}} = \frac{U_{\text{im}}}{I_{1\text{m}}} \tag{6.5.15}$$

由式(6.5.5)得

$$I_{1\text{m}} = \alpha_1(\theta) I_{\text{M}} = \frac{U_{\text{im}}}{\pi r_{\text{d}}}(\theta - \sin\theta\cos\theta) \tag{6.5.16}$$

因为通常 θ 很小，将 $\sin\theta$ 和 $\cos\theta$ 进行傅里叶级数展开并忽略高次项有 $\sin\theta \approx \theta - \frac{\theta^3}{6}$，$\cos\theta \approx 1 - \frac{\theta^2}{2}$，整理得

$$R_{\text{id}} \approx \frac{1}{2}R \tag{6.5.17}$$

6.5.3 包络检波器的失真

理想情况下包络检波器的输出波形应该与调幅波的包络波形完全一致，但实际上两者总会有一些差别，即检波器的输出波形会有些失真。主要的失真有以下 4 种：惰性失真、负峰切割失真、非线性失真和频率失真。

1. 惰性失真

惰性失真产生的原因是检波电路的放电时间常数 RC 太大，由于放电过慢电容 C 上的电荷不能很快地跟随调幅波的包络变化而变化。如图 6.27 所示，$t_1 \sim t_2$ 时刻内，电容 C 处于放电状态，并且电容电压 u_{c} 始终大于高频输入信号 $u_{\text{i}}(t)$，二极管始终处于截止状态，输出电压信号的变化规律不能正确反映输入信号的变化规律，从而产生了失真。只有在输入信号的电压振幅重新超过输出电压时，二极管才重新导通。这种由于电容 C 的惰性太大引起的非线性失真叫惰性失真。为了防止惰性失真，需要选择合适的参数 RC，加快电容 C 上电压的放电速度，使得电容 C 上电压变化速度大于输入信号振幅变化速度。

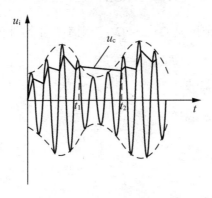

图 6.27 惰性失真

检波器输入高频信号为普通调幅波 $u_{\text{i}}(t) = U_{\text{cm}}[1 + m_{\text{a}}\cos\Omega t]\cos\omega_{\text{c}}t$，其振幅变化速

度为

$$\frac{dU_{im}}{dt} = -m_a \Omega U_{im} \sin\Omega t \tag{6.5.18}$$

电容放电时通过电容 C 的电流等于通过负载电阻 R 的电流，即 $i_c = i_R$，而

$$i_c = C\frac{du_c}{dt} \tag{6.5.19}$$

$$i_R = \frac{u_c}{R} \tag{6.5.20}$$

所以

$$C\frac{du_c}{dt} = \frac{u_c}{R} \tag{6.5.21}$$

设检波器的电压传输系数 $k_d \approx 1$，在二极管停止导电的瞬间（图 6.27 所示图中的时刻 t_1）电容 C 上电压等于输入高频信号的振幅，即 $u_c = U_{im} = U_{cm}[1 + m_a\cos\Omega t]$，因此电容 C 上电压变换速度为

$$\begin{aligned}\frac{du_c}{dt} &= \frac{u_c}{RC} \\ &= \frac{U_{cm}[1+m_a\cos\Omega t]}{RC}\end{aligned} \tag{6.5.22}$$

令 $A = \dfrac{dU_{im}}{dt} / \dfrac{du_c}{dt}$，将式(6.5.18)和式(6.5.22)代入整理得

$$A = RC\Omega\left|\frac{m_a\sin\Omega t}{1+m_a\cos\Omega t}\right| \tag{6.5.23}$$

显然，不产生惰性失真必须使得 $\dfrac{du_c}{dt} > \dfrac{dU_{im}}{dt}$，即 $A < 1$。A 是时间 t 的函数，若 $A_{max} < 1$ 则任何时刻都不会产生惰性失真。

对 A 求导数并令 $dA/dt = 0$，可以求得

$$A_{max} = RC\Omega\frac{m_a}{\sqrt{1-m_a^2}} \tag{6.5.24}$$

调制信号角频率的频带范围是 $\Omega_{min} \sim \Omega_{max}$，则不产生惰性失真的条件是

$$RC\Omega_{max}\frac{m_a}{\sqrt{1-m_a^2}} < 1 \tag{6.5.25}$$

或

$$RC\Omega_{max} < \frac{\sqrt{1-m_a^2}}{m_a} \tag{6.5.26}$$

2. 负峰切割失真

负峰切割失真产生的原因是检波器的**直流负载电阻与交流负载电阻不同**，并且调制指数 m_a 过大时引起的。

图 6.26 中 C_c 为检波电路中的隔直电容，检波电路直流负载电阻为 R，交流负载电阻

为 R 与 R_L 的并联，即

$$R_\Omega = \frac{R \cdot R_L}{R + R_L} \tag{6.5.27}$$

由于 $u_A \approx U_{cm}[1+m_a\cos\Omega t]\cos\theta$，$u_B \approx U_{cm} m_a\cos\Omega t \cdot \cos\theta$，因此稳定状态下在 C_c 上建立的直流电压为 $V_C = U_{cm}\cos\theta$，因为 C_c 容量较大（几微法），其上电压在低频信号 Ω 的一周内基本保持不变，因此可以将其看作一个直流电源，它在电阻 R 与 R_L 上产生分压，电阻 R 上分得的电压为

$$u_R = \frac{U_{cm}\cos\theta}{R + R_L} \cdot R \tag{6.5.28}$$

对于二极管 D 来说 u_R 为反向偏压，当输入调幅信号包络负半周的最小值附近电压数值小于 u_R 时，二极管 D 将截止，输出电压波形的底部被切割，直至输入调幅信号包络负半周的值变到大于 u_R 时，二极管 D 才恢复正常工作。图 6.28 所示是其波形图，通常称之为负峰切割失真。

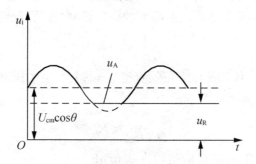

图 6.28 负峰切割失真输出电压波形

显然，R_L 越小，电阻 R 上分得的电压值越大，负峰切割失真越容易产生；另外，m_a 越大，调幅波的振幅 $U_{cm}m_a\cos\theta$ 的值越大，负峰切割失真越容易产生。

设电压传输系数 $K_d = \cos\theta = 1$，则调幅波的振幅为 $U_{cm}[1+m_a\cos\Omega t]$，电阻 R 上分压为 $u_R = \dfrac{U_{cm}R}{R+R_L}$，显然当调幅波的振幅的最小值大于 u_R 时不会产生负峰切割失真，即

$$U_{cm}[1-m_a] > u_R \tag{6.5.29}$$

$$U_{cm}[1-m_a] > \frac{U_{cm}R}{R+R_L} \tag{6.5.30}$$

可得

$$m_a < \frac{R_L}{R+R_L} = \frac{R_\Omega}{R} \tag{6.5.31}$$

m_a 值一定时，R 值越大，上式条件越难满足，通常 R 取 $5\sim 10\text{k}\Omega$。在实际应用中可以在检波器和下级放大器之间插入一级射级跟随器以提高 R_L，使得 R_Ω 接近 R，以满足 $m_a < 1$。

3. 非线性失真

非线性失真是由检波器二极管伏安特性曲线的非线性引起的。但是，如果负载电阻 R 越大，检波器的非线性失真就越小。一般二极管大信号包络检波器的非线性失真很小，可以忽略。

4. 频率失真

频率失真主要由滤波电容 C 和隔直电容 C_c 引起。当输入信号是调制频率为 $\Omega_{\min} \sim \Omega_{\max}$ 的调幅波时，检波器中 RC 低通滤波器的作用是滤除调幅波中的载波频率分量，因此应满足

$$\frac{1}{\omega_c C} \ll R \qquad (6.5.32)$$

但是，C 不能取值过大，应该满足对调制信号的频率上限 $\Omega_{\max}$ 不产生旁路作用，即在滤除载波频率的同时要保证不滤除调制频率的高频带部分，因此应满足

$$\frac{1}{\Omega_{\max} C} \gg R \qquad (6.5.33)$$

为了减小调制信号频率下限 $\Omega_{\min}$ 在隔直电容 C_c 上产生的压降，不产生频率失真应该满足

$$\frac{1}{\Omega_{\min} C_c} \ll R_L \qquad (6.5.34)$$

一般来说 C_c 取值为几 μF，C 取值约为 $0.01\mu F$。

6.6 同步检波器

同步检波器主要用于抑制载波的双边带或单边带调幅波的解调。同步检波器分乘积型和叠加型两种方式，方框图分别如图 6.29(a) 和图 6.29(b) 所示。这两种方式都需要外加一个频率和相位都与载波信号相同的本地振荡信号，图 6.29(a) 所示为乘积型同步检波器是将该信号与调幅波相乘，再经过低通滤波器解调出原调制信号；图 6.29(b) 所示为叠加型同步检波器是将该信号和调幅波相加，再经过包络检波器后解调出原调制信号。

6.6.1 乘积型同步检波器

设输入的已调波为抑制载波的双边带调幅波，$u_{DSB}(t) = k_a \cdot u_\Omega(t) \cdot u_c(t) = U_{im}\cos\Omega t \cos\omega_c t$，其中 $U_{im} = k_a U_{\Omega m} U_{cm}$，本地振荡信号为 $u_L(t) = U_{Lm}\cos\omega_c t$，假设相乘器传输系数为 K，经过相乘器后输出电压信号为

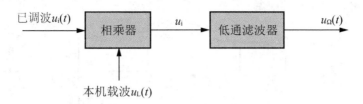

(a) 乘积型同步检波器

(b) 叠加型同步检波器

图 6.29 同步检波器

$$u_i = K\,U_{im}\cos\Omega t\cos\omega_c t \cdot U_{Lm}\cos\omega_c t$$
$$= \frac{1}{2}K\,U_{im}U_{Lm}\cos\Omega t + \frac{1}{4}K\,U_{im}U_{Lm}\cos(2\omega_c+\Omega)t + \frac{1}{4}K\,U_{im}U_{Lm}\cos(2\omega_c-\Omega)t$$

(6.6.1)

经低通滤波器滤除 $2\omega_c\pm\Omega$ 频率分量后，就得到频率为 Ω 的原低频调制信号

$$u_\Omega(t) = \frac{1}{2}K\,U_{im}U_{Lm}\cos\Omega t \tag{6.6.2}$$

图 6.30 与图 6.31 所示为输入为抑制载波的双边带调幅波时，乘积型检波器的相关波形图与频谱图。

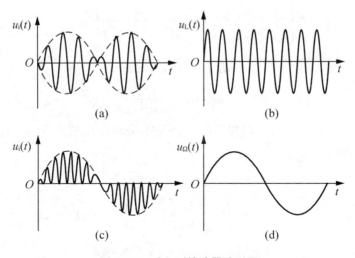

图 6.30 乘积型检波器波形图

抑制载波的单边带信号的解调过程与上述一致，不再赘述。

乘积型检波器关键是得到两个信号的乘积，因此检波器中的相乘器可以采用模拟乘法

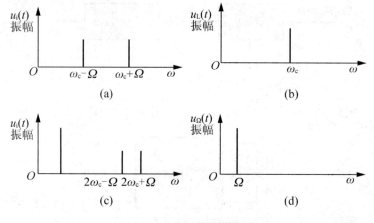

图 6.31 乘积型检波器频谱图

器，也可以采用 6.4 节介绍的低电平调幅电路，将调制电路中的低频调制信号 u_Ω 用抑制载波的双边带或单边带信号代替，载波信号用本地振荡信号为 u_L 代替。

6.6.2 叠加型同步检波器

设输入的已调波为抑制载波的单边带调幅波，$u_{SSB}(t) = U_{sm}\cos(\omega_c + \Omega)t$，其中 $U_{sm} = \dfrac{k_a}{2}U_{\Omega m}U_{cm}$，本地振荡信号为 $u_L(t) = U_{Lm}\cos\omega_c t$，则合成输入信号为

$$\begin{aligned} u(t) &= u_{SSB}(t) + u_L(t) \\ &= U_{sm}\cos(\omega_c + \Omega)t + U_{Lm}\cos\omega_c t \\ &= U_{sm}\cos\Omega t\cos\omega_c t - U_{sm}\sin\Omega t\sin\omega_c t + U_{Lm}\cos\omega_c t \\ &= U_m(t)[\cos\omega_c t + \varphi(t)] \end{aligned} \quad (6.6.3)$$

其中：$U_m(t) = \sqrt{(U_{Lm} + U_{sm}\cos\Omega t)^2 + (U_{sm}\sin\Omega t)^2}$；

$$\varphi(t) = \arctan\dfrac{-U_{sm}\sin\Omega t}{U_{Lm} + U_{sm}\cos\Omega t}$$

经过包络检波器后输出信号理想情况应该是不失真地反映出 $u(t)$ 包络的变化，将包络函数进一步化简为

$$\begin{aligned} U_m(t) &= \sqrt{U_{Lm}^2 + U_{sm}^2 + 2U_{Lm}U_{sm}\cos\Omega t} \\ &= \sqrt{1 + \left(\dfrac{U_{sm}}{U_{Lm}}\right)^2 + 2\dfrac{U_{sm}}{U_{Lm}}\cos\Omega t} \\ &= U_{Lm}\sqrt{1 + m^2 + 2m\cos\Omega t} \end{aligned} \quad (6.6.4)$$

其中 $m = \dfrac{U_{sm}}{U_{Lm}}$，当 $m \ll 1$ 时，式(6.6.4)可近似为

$$U_m(t) \approx U_{Lm}\sqrt{1 + 2m\cos\Omega t} \quad (6.6.5)$$

根据当 $|x|<1$ 时，$\sqrt{(1+x)} \approx 1+x/2$，因此式(6.6.5)可进一步化简为
$$U_m(t) \approx U_{Lm}(1+m\cos\Omega t) \tag{6.6.6}$$

因此，经过包络检波器后输出电压为 $u_A = K_d U_m(t) = K_d U_{Lm}(1+m\cos\Omega t)$，再经过隔直电容后解调出原低频调制信号 $u_B = K_d U_{Lm} m\cos\Omega t$。

同步检波器除了用于抑制载波的双边带调幅和单边带调幅外，也可用于普通调幅波的解调。图 6.32 所示是采用模拟乘法器 MC1496 组成的集成同步检波器，u_1 输入载波信号，u_2 输入任意类型的一种调幅信号，解调信号由 12 端输出，且经 C_6、R_{11}、C_7 构成的 π 型低通滤波器，C_8 为输出耦合直流电容，用以耦合低频、隔除直流。

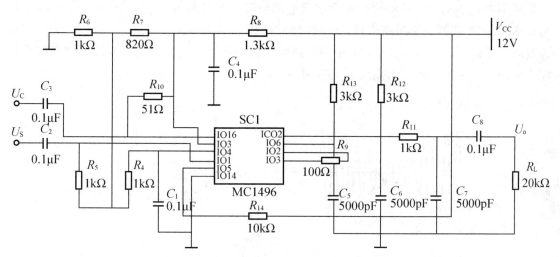

图 6.32 模拟乘法器 MC1496 组成的集成同步检波器

6.7 变 频 器

变频是将信号频率由一个量值变换为另一个量值的过程。具有这种功能的电路称为变频器(或混频器)。一般用混频器产生中频信号。从工作性质可分为两类，即加法混频器和减法混频器分别得到和频及差频。从电路元件也可分为三极管混频器和二极管混频器。从电路分有混频器(带有独立振荡器)和变频器(不带有独立振荡器)。混频器和频率混合器是有区别的。后者是把几个频率的信号线性的迭加在一起，不产生新的频率。混频器的应用非常广泛，比如：频率交换、鉴相、可变衰减器、相位调制器、正交相移键控调制、镜像抑制混频器等。

6.7.1 变频器的基本理论

1. 变频器功能

变频是将已调波的载波频率从高频变换成固定的中频,同时必须保证其调制规律不变。具有变频功能的电路称为变频电路或者混频电路,也称为变频器或者混频器。

图 6.33 所示是混频器的功能图,输入信号 $u_{AM}(t)=U_{cm}[1+m_a\cos\Omega t]\cos\omega_c t$ 是一个载波角频率为 ω_c、调制信号角频率为 Ω 的普通调幅波,本机振荡信号 $u_L(t)=U_{Lm}\cos\omega_L t$ 是角频率为 ω_L 的高频等幅振荡信号,经过混频器后输出信号 $u_o(t)=U_{Im}[1+m_a\cos\Omega t]\cos\omega_I t$ 为载波信号角频率 $\omega_I=\omega_L-\omega_c$ 的中频调幅波,且调制规律与输入的高频调幅波调制规律完全相同,只是中心频率由高频 ω_c 变为中频 ω_I。

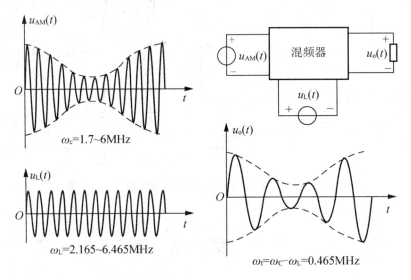

图 6.33 混频器功能图

图 6.34 所示是变频前后的频谱结构图,从频谱角度可以看出变频器的功能是实现频谱的线性搬移,将变频器的输入信号频谱从 ω_c、$\omega_c\pm\Omega$ 线性搬移到 ω_I、$\omega_I\pm\Omega$。

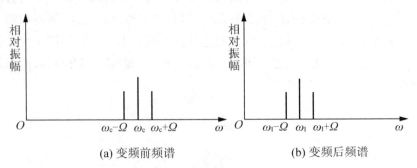

图 6.34 变频器频谱结构

2. 变频器组成

原则上凡是具有相乘功能的器件都可以用来构成变频器,能实现相乘功能的器件可以称为非线性器件,常用的有二极管、三极管、模拟乘法器等。当两个不同频率信号 $u_{AM}(t)$ 和 $u_L(t)$ 经过非线性器件实现相乘后,输出信号包含很多频谱分量,必须通过选频网络选出所需的中频频率分量 ω_I,所以变频器应由 4 部分构成,输入回路、本机振荡器、非线性器件和带通滤波器,如图 6.35 所示。

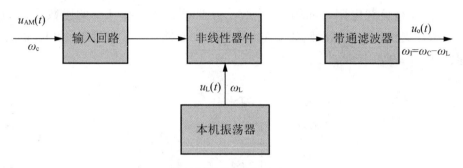

图 6.35 变频器组成框图

3. 变频器的主要性能指标

1)变频增益

变频器中频输出电压振幅与高频输入信号电压振幅的比值称为变频电压增益或变频放大系数,即

$$A_{uc} = \frac{U_{Im}}{U_{cm}} \tag{6.7.1}$$

变频器中频输出信号功率与高频输入信号功率的比值称为变频功率增益,即

$$A_{pc} = \frac{P_I}{P_c} \tag{6.7.2}$$

变频增益高有利于提高接收机的灵敏度。

2)噪声系数

变频器的噪声系数对接收设备的总噪声系数影响很大,为了提高接收机的灵敏度必须尽量降低变频器噪声,即噪声系数应尽可能小,这要求应很好地选择所用器件和工作点电流。

3)选择性

选择性是指变频器输出端的带通滤波器接收有用的中频频率,抑制其他无用频率分量的能力。我们希望变频器具有较好的选择性,即希望带通滤波器具有理想的幅频特性,它的矩形系数应该尽可能接近于 1。

4)失真与干扰

变频电路的失真是指输出中频信号的频谱结构相对于输入高频信号的频谱结构产生的

变化,希望这种变化越小越好。变频电路的失真有频率失真(线性失真)和非线性失真两种。此外,变频过程中还会产生各种非线性干扰,如组合频率、交叉调制与互相调制、阻塞和倒易混频等。

6.7.2 二极管平衡混频器

二极管平衡混频器与二极管平衡调幅电路的电路组成大致相同,区别是变压器 T_{r2} 二次侧的输出端没有负载电阻,如图 6.36 所示。变压器 T_{r1} 和 T_{r2} 的匝数比均为 1∶1,$u_L(t)$ 信号所在支路为 T_{r1} 二次侧和 T_{r2} 一次侧的中心抽头。二极管 D_1 和 D_2 的开关状态受本机振荡信号 $u_L(t)$ 控制。

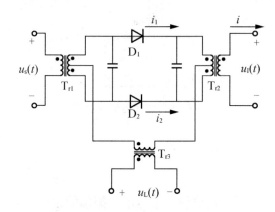

图 6.36 二极管平衡混频器

为了简化计算,设输入的调幅波信号为高频等幅波 $u_s(t) = U_{sm}\cos\omega_s t$,根据变频器输出中频信号与输入信号调制规律相同的原则,输出中频信号应该为 $u_I = U_{Im}\cos\omega_I t$,设本机振荡信号 $u_L(t) = U_{Lm}\cos\omega_L t$,二极管导通导纳为 g_d,由前文可知电路中各电流值为

$$i_1 = g_d K(\omega_L t)\left[u_L + \frac{u_s - u_I}{2}\right] \quad (6.7.3)$$

$$i_2 = g_d K(\omega_L t)\left[u_L - \frac{u_s - u_I}{2}\right] \quad (6.7.4)$$

$$i = i_1 - i_2 = g_d K(\omega_L t)(u_s - u_I)$$
$$= g_d\left(\frac{1}{2} + \frac{2}{\pi}\cos\omega_L t - \frac{2}{3\pi}\cos 3\omega_L t + \frac{2}{5\pi}\cos 5\omega_L t - \cdots\right)(U_{sm}\cos\omega_s t - U_{Im}\cos\omega_I t)$$
$$(6.7.5)$$

将式(6.7.5)展开并进行积化和差后包含的频率成分有 ω_s、ω_I、$(2n-1)\omega_L \pm \omega_s$、$(2n-1)\omega_L \pm \omega_I$,其中 $n = 1, 2\cdots$,设输出回路调谐于中频频率 $\omega_I = \omega_L - \omega_s$,则通过选频网络输出的电流信号为

$$i_I = \frac{1}{\pi}g_d U_{sm}\cos(\omega_L-\omega_s)t - \frac{1}{2}g_d U_{Im}\cos\omega_I t$$
$$= g_d\left(\frac{1}{\pi}U_{sm} - \frac{1}{2}U_{Im}\right)\cos\omega_I t \tag{6.7.6}$$

6.7.3 二极管环形混频器

图 6.37 所示为二极管环形混频器，4 个二极管均处于开关工作状态，且导通与关断受本机振荡信号 $u_L(t)$ 控制，在 $u_L(t)$ 正半周，二极管 D_1、D_2 导通，D_3、D_4 截止，此时构成二极管平衡混频器；在 $u_L(t)$ 负半周，二极管 D_3、D_4 导通，D_1、D_2 截止，此时也构成二极管平衡混频器。根据前文所述可知

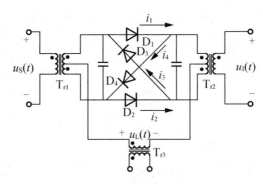

图 6.37 二极管环形混频器

$$i' = i_1 - i_2 = g_d[u_s(t) - u_I(t)]K(\omega_L t) \tag{6.7.7}$$
$$i'' = i_3 - i_4 = g_d[u_s(t) + u_I(t)]K(\omega_L t - \pi) \tag{6.7.8}$$

输出中频回路的电流为
$$i_I = i' + i'' \tag{6.7.9}$$

将 $u_s = U_{sm}\cos\omega_s t$、$u_I = U_{Im}\cos\omega_I t$、$K(\omega_L t)$ 和 $K(\omega_L t-\pi)$ 的傅里叶变换代入式(6.7.9)整理得

$$\begin{aligned} i_I &= \frac{2}{\pi}g_d U_{sm}[\cos(\omega_L+\omega_s)t + \cos(\omega_L-\omega_s)t] \\ &\quad - \frac{2}{3\pi}[\cos(3\omega_L+\omega_s)t + \cos(3\omega_L-\omega_s)t] + \cdots \\ &\quad - g_d U_{Im}\cos\omega_I t \end{aligned} \tag{6.7.10}$$

与二极管平衡调幅电路相比，输出电流中抵消了 ω_s、$(2n-1)\omega_L\pm\omega_I$ 等频率分量，其中 $n=1,2,\cdots$，设输出回路调谐于中频频率 $\omega_I=\omega_L-\omega_s$，则通过选频网络输出的电流信号为

$$i_I = \frac{2}{\pi}g_d U_{sm}\cos(\omega_L-\omega_s)t - g_d U_{Im}\cos\omega_I t$$
$$= \left(\frac{2}{\pi}g_d U_{sm} - g_d U_{Im}\right)\cos\omega_I t \tag{6.7.11}$$

6.7.4 三极管混频器

晶体三极管混频器电路结构简单,变频增益较高,它广泛用于中短波接收机和测量仪器中。

按照晶体管的组态和本机振荡信号加入点的不同,三极管混频器有 4 种基本电路,如图 6.38 所示。其中图 6.38(a)、图 6.38(b)为共发射极混频电路,图 6.38(c)、图 6.38(d)为共基射极混频电路。

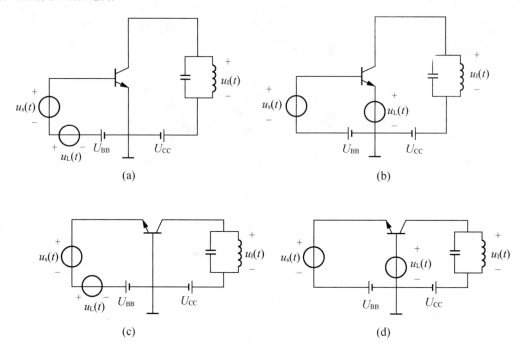

图 6.38 三极管混频器

图 6.38(a)所示电路的优点是输入阻抗较大,混频时需要的本机振荡信号 $u_L(t)$ 功率较小,本机振荡电路比较容易起振。缺点是本机振荡信号 $u_L(t)$ 和输入信号 $u_s(t)$ 会发生直接耦合,相互影响较大,可能产生牵引现象,这种电路使用时要求 ω_L 和 ω_s 的频率差值应较大,否则牵引现象比较严重。

图 6.38(b)所示电路的优点是本机振荡信号 $u_L(t)$ 和输入信号 $u_s(t)$ 加在不同的电极,因此相互干扰较小,波形失真小。缺点是混频时需要的本机振荡信号 $u_L(t)$ 功率较大。

图 6.38(c)、图 6.38(d)所示电路变频增益较低、输入阻抗也较低,因此在信号频率较低时不宜采用,但是若信号频率较高达到几十兆赫兹时,电路的变频增益提高,可以采用这种电路。

以图 6.38(b)为例介绍三极管混频器的工作原理。三极管发射结上有 3 个电压共同作用,直流偏置电压 V_{BB}、本机振荡信号 $u_L(t)$ 和输入信号 $u_s(t)$,其中 $u_L(t)$ 振幅较大,$u_s(t)$

振幅较小,当它们同时作用在非线性器件三极管上时,三极管的参量基本受大信号 $u_L(t)$ 控制,对于小信号 $u_s(t)$ 来说,在其变化的动态范围内,可以近似的认为三极管参量为常数,三极管处于线性工作状态,因此若有多个小信号共同作用时可以利用叠加原理。由于三极管的参考随着本机振荡信号 $u_L(t)$ 做周期性改变,故该电路被称为线性时变参量(跨导)电路。

下面用时变参量法分析图 6.38(b)所示电路,忽略小信号 $u_s(t)$ 的作用

$$u_{BE} = V_{BB} + u_L(t) \\ = V_{BB} + U_{Lm}\cos\omega_L t \tag{6.7.12}$$

忽略三极管内部反馈和集电极电压反作用的情况下,三极管的正向传输特性可以表示为

$$i_C = f(u_{BE}) \tag{6.7.13}$$

将式(6.7.13)在时变偏压 u_{BE} 上对 $u_s(t)$ 展开成泰勒级数,有

$$i_C = f[V_{BB} + u_L(t)] + f'[V_{BB} + u_L(t)]u_s(t) + \frac{1}{2}f''[V_{BB} + u_L(t)]u_s^2(t) + \cdots \tag{6.7.14}$$

由于 $u_s(t)$ 很小,可以忽略其二次方及以上各项,近似有

$$i_C \approx f[V_{BB} + u_L(t)] + f'[V_{BB} + u_L(t)]u_s(t) \tag{6.7.15}$$

其中:$f[V_{BB} + u_L(t)]$ 为 u_{BE} 作用下的集电极电流;$f'[V_{BB} + u_L(t)] = g(t)$ 为 u_{BE} 作用下的三极管跨导,它们都是本机振荡信号 $u_L(t)$ 的函数,且随着 $u_L(t)$ 的变化呈非线性变化,将其表示为傅里叶级数为

$$f[V_{BB} + u_L(t)] = I_{C0} + I_{c1m}\cos\omega_L t + I_{c2m}\cos2\omega_L t + \cdots \tag{6.7.16}$$

$$f'[V_{BB} + u_L(t)] = g(t) = g_0 + g_1\cos\omega_L t + g_2\cos2\omega_L t + \cdots \tag{6.7.17}$$

设输入信号为等幅波,$u_s(t) = U_{sm}\cos\omega_s t$,将其和式(6.7.17)代入式(6.7.15)有

$$i_C \approx (I_{C0} + I_{c1m}\cos\omega_L t + I_{c2m}\cos2\omega_L t + \cdots) + (g_0 + g_1\cos\omega_L t + g_2\cos2\omega_L t + \cdots)U_{sm}\cos\omega_s t \tag{6.7.18}$$

若中频频率取差频分量 $\omega_I = \omega_L - \omega_s$,则混频后通过带通滤波器输出的中频电流为

$$i_I = \frac{1}{2}g_1 U_{sm}\cos\omega_I t \tag{6.7.19}$$

由式(6.7.19)可知,输出中频电流跟输入信号的振幅 U_{sm} 成正比。若输入信号为普通调幅波,$u_s(t) = U_{sm}(1 + m_a\cos\Omega t)\cos\omega_s t$,其振幅为 $U_{sm}(1 + m_a\cos\Omega t)$,则混频器输出的中频电流为

$$i_I = \frac{1}{2}g_1 U_{sm}(1 + m_a\cos\Omega t)\cos\omega_I t \tag{6.7.20}$$

定义输出中频电流振幅与输入高频信号电压振幅的比值为变频跨导 g_c,则等幅波、普通调幅波的变频跨导相等,即

$$g_c = \frac{I_{Im}}{U_{sm}} = \frac{1}{2}g_1 \tag{6.7.21}$$

$$g_c = \frac{1}{2} \frac{g_1 U_{sm}(1+m_a\cos\Omega t)}{U_{sm}(1+m_a\cos\Omega t)} = \frac{1}{2}g_1 \qquad (6.7.22)$$

小贴士

混频器干扰主要有：信号与本振自身组合干扰（干扰哨声）、外来干扰与本振组合干扰（寄生通道干扰）、互调干扰、交叉调制干扰、阻塞、倒易混频干扰等。

本 章 小 结

1. 本章从数学表达式、频谱、组成电路等方面介绍了普通调幅波、双边带调幅波、单边带调幅波以及变频器。

1) 普通调幅波

数学表达式为

$$u_{AM}(t) = U_m\cos\omega_c t = [U_{cm} + k_a u_\Omega(t)]\cos\omega_c t$$

频谱：载波分量 ω_c、上变频分量 $\omega_c+\Omega$、下变频分量 $\omega_c-\Omega$

2) 双边带调幅波（DSB）

数学表达式为

$$u_{DSB}(t) = k_a \cdot U_{\Omega m}\cos\Omega t \cdot U_{cm}\cos\omega_c t$$

频谱：上变频分量 $\omega_c+\Omega$ 和下变频分量 $\omega_c-\Omega$

3) 单边带调幅波

数学表达式为

$$u_{DSB}(t) = \frac{k_a}{2}U_{\Omega m}U_{cm}\cos(\omega_c+\Omega)t$$

或

$$u_{DSB}(t) = \frac{k_a}{2}U_{\Omega m}U_{cm}\cos(\omega_c-\Omega)t$$

频谱：上变频分量 $\omega_c+\Omega$

或下变频分量 $\omega_c-\Omega$

4) 变频器

输入信号：普通调幅波 $u_{AM}(t) = U_{cm}[1+m_a\cos\Omega t]\cos\omega_c t$ 和本机振荡信号 $u_L(t) = U_{Lm}\cos\omega_L t$

输出信号为

$$u_o(t) = U_{Im}[1+m_a\cos\Omega t]\cos\omega_I t$$

输入输出信号频率关系为 $\omega_I = \omega_L - \omega_c$

2. 从工作原理、技术指标、失真等方面介绍了包络检波器和同步检波器。

(1) 包络检波器，主要用于普通调幅波的解调。

输入信号：普通调幅波 $u_{AM}(t) = U_{cm}[1 + m_a\cos\Omega t]\cos\omega_c t$

输出信号为

$$u_o \approx U_{cm}[1 + m_a\cos\Omega t]\cos\theta$$

其中 $\theta = \sqrt[3]{\dfrac{3\pi r_d}{R}}$，仅与检波器负载电阻 R 和二极管导通电阻 r_d 有关。

(2) 同步检波器，主要用于抑制载波的双边带或单边带调幅波的解调，分为乘积型和叠加型两种。

3. 振幅调制、解调和变频电路都属于频谱搬移电路，它们都可以用相乘器和滤波器组成的电路来实现。

思考题与练习题

6.1 填空题

1. 载波频率是 ω_c，调制信号频率是 Ω，那么普通调幅波的频谱中包含的频率成分有 _____、_____、_____；抑制载波的双边带调幅波中包含的频率成分有 _____、_____。

2. 普通调幅波当 $m_a = 1$ 时包含调制信息的上、下边频功率占总功率的 _____。

3. 一般来说，振幅调制电路是由 _____、_____、_____ 3 部分组成。

4. 集电极调幅在调制信号一个周期内的各类平均功率是在载波状态时对应功率的 _____ 倍；在调幅波最大值时的各类功率是在载波状态时对应功率的 _____ 倍；在调制过程中效率为 _____。

5. 二极管包络检波器由 _____、_____、_____ 3 部分组成。

6. 包络检波电路的导通角 θ 与输入调幅波信号类型 _____。

7. 包络检波器主要的失真有 _____、_____、_____、_____ 4 种。

8. 同步检波器主要用于 _____ 或 _____ 的解调。

9. 变频是将已调波的载波频率从高频变换成固定的 _____ 频，同时必须保证其调制规律 _____。

10. 载波频率是 ω_c，本地振荡信号频率是 ω_L，则混频后的上中频为 _____，下中频为 _____。

6.2 简答题

1. 设某一调幅广播电台电压信号为 $u_{AM}(t) = 20[1+0.3\cos(2\pi\times 10^3 t)]\cos(2\pi\times 10^6 t)$ V，请问此电台的频率是多少？调制信号频率是多少？

2. 二极管构成的电路如图 6.39 所示，两个二极管特性一致，设调制信号 $u_\Omega(t) = U_{\Omega m}\cos\Omega t$，载波信号 $u_c(t) = U_{cm}\cos\omega_c t$，$\omega_c \gg \Omega$，$U_{cm} \gg U_{\Omega m}$，一次侧为中心抽头，请分析输

出电流频谱,说明电路是否具有相乘功能?判断能否实现振幅调制作用?如果能实现振幅调制完成的是何种振幅调制?

$$K(\omega_c t) = \frac{1}{2} + \frac{2}{\pi}\cos\omega_c t - \frac{2}{3\pi}\cos 3\omega_c t + \frac{2}{5\pi}\cos 5\omega_c t - \cdots K(\omega_c t - \pi)$$
$$= \frac{1}{2} - \frac{2}{\pi}\cos\omega_c t + \frac{2}{3\pi}\cos 3\omega_c t - \frac{2}{5\pi}\cos 5\omega_c t + \cdots$$

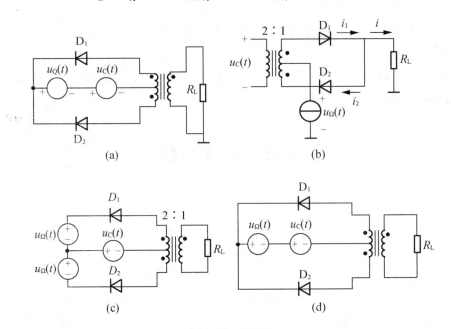

图 6.39　题 2 图

3. 二极管环形调幅电路如图 6.40 所示,设调制信号 $u_\Omega(t) = U_{\Omega m}\cos\Omega t$,载波信号 $u_c(t) = U_{cm}\cos\omega_c t$,$\omega_c \gg \Omega$,$U_{cm} \gg U_{\Omega m}$,求流过负载 R_L 的电流,并分析该电流频谱,说明能否实现振幅调制作用?如果能实现振幅调制完成的是何种振幅调制?

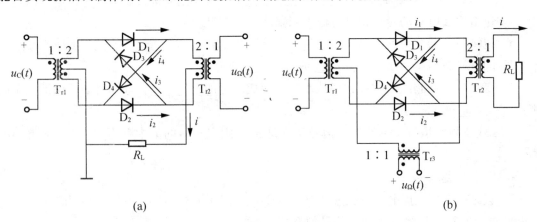

图 6.40　题 3 图

4. 分别画出以下各表达式的波形图及频谱图,说明它们各为何种信号?(其中载波频

率 ω_c 是调制频率 Ω 的 10 倍)

(1) $u(t) = (1 + \cos\Omega t)\cos\omega_c t$

(2) $u(t) = \cos\Omega t \cdot \cos\omega_c t$

(3) $u(t) = \cos(\omega_c + \Omega)t$

(4) $u(t) = \cos\Omega t + \cos\omega_c t$

5. 已知某非线性器件的伏安特性为 $i = a + bu + cu^3$，问它是否能产生调幅信号？

6. 二极管平衡混频器如图 6.41 所示，L_1C_1、L_2C_2、L_3C_3 三个回路分别调谐在 f_c、f_L 和 f_I 上，问以下 3 种情况下，电路是否能够实现混频？

(1) 将输入信号 $u_{AM}(t)$ 与本地振荡信号 $u_L(t)$ 互换；

(2) 将二极管 D_1 极性反向；

(3) 将二极管 D_1 和 D_2 极性同时反向。

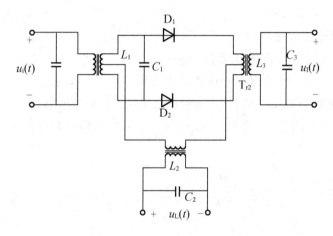

图 6.41 题 6 图

6.3 计算题

1. 已知调制信号 $u_\Omega(t) = 5\cos(3\pi \times 10^3 t)$ V，载波信号为 $u_c(t) = 4\cos(2\pi \times 10^6 t)$ V，调制灵敏度 $k_a = 1$，求该调幅波表达式，调制指数 m_a，画出调幅波的频谱图并求出频带宽度 BW。

2. 已知调制信号 $u_\Omega(t) = [2\cos(2\pi \times 10^3 t) + 3\cos(2\pi \times 400 t)]$ V，载波信号 $u_c(t) = 3\cos(2\pi \times 10^5 t)$ V，调制灵敏度 $k_a = 1$，求调幅波表达式，画出频谱图并求出频带宽度 BW。

3. 已知一调幅波表达式为 $u_{AM}(t) = [20 + 1.3\cos(2\pi \times 500 t)]\cos(2\pi \times 10^6 t)$ V，求该调幅波的载波振幅 U_{cm}、载波频率 ω_c、调制信号频率 Ω、调制指数 m_a 和频带宽度 BW。

4. 已知一调幅波表达式为

$u_{AM}(t) = \{5\cos(2\pi \times 10^6 t) + \cos[2\pi \times (10^6 + 5 \times 10^3)t] + \cos[2\pi \times (10^6 - 5 \times 10^3)t]\}$ V，

求载波振幅 U_{cm}、载波频率 ω_c、调制信号频率 Ω、调制指数 m_a 和频带宽度 BW。

5. 集电极调幅电路的调幅指数 $m_a = 0.6$，平均集电极效率 $\eta_{cav} = 70\%$，载波状态下的输出功率 $P_O = 50$ W，求：

(1) 集电极平均直流输入功率；

(2) 集电极平均输出功率；

(3) 调制信号源提供的输入功率；

(4) 载波状态下的集电极效率；

(5) 集电极最大损耗功率。

6. 一集电极调幅电路，在载波状态时，直流电源电压 $V_{CC}=20\text{V}$，$U_{cm}=18\text{V}$，集电极损耗功率 $P_C=3\text{W}$，集电极效率 $\eta_C=80\%$，$m_a=0.4$，求：

(1) 集电极直流输入功率；

(2) 调制信号源提供的输入功率；

(3) 总平均输入功率；

(4) 载波输出功率；

(5) 集电极平均损耗功率；

(6) 最大与最小集电极瞬时电压。

7. 理想模拟乘法器中，增益系数 $A_M=0.1\text{ V}$，如果 $u_1=3\cos(\omega_c t)$，$u_2=[1+0.2\cos(\Omega t)]\cos\omega_c t$，求：输出电压表达式，并说明实现了什么功能？

8. 二极管包络检波电路如图 6.42 所示，已知输入调幅波的载波信号 $f_c=465\text{kHz}$，调制信号频率 $F=5\text{kHz}$，调制指数 $m_a=0.4$，$R=10\text{k}\Omega$，求电容 C 的值，以及检波器的输入电阻 R_{id}。

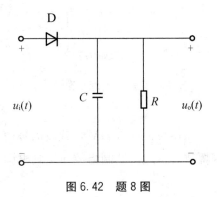

图 6.42 题 8 图

9. 检波电路如图 6.43 所示，$r_d \ll R_1$，检波效率 $\eta_d=0.8$，输入电压 $u_i=1.5(1+0.6\cos 2\pi\times 10^3 t)\cos 2\pi\times 10^5 t$ (V)，求①载波频率 ω_c、调制信号频率 Ω、载波振幅 U_{cm}、调制指数 m_a；②输出电压 u_A 和 u_B；③等效输入电阻 R_i；④判断能否产生负峰切割失真和惯性失真。

10. 检波电路如图 6.43 所示，$r_d \ll R_1$，检波效率 $\eta_d=0.8$，输入电压为 $u_{AM}(t)=[2\cos(2\pi\times 355\times 10^3 t)+0.3\cos(2\pi\times 351\times 10^3 t)+0.3\cos(2\pi\times 359\times 10^3 t)]$ V，求①载波频率 ω_c、调制信号频率 Ω、载波振幅 U_{cm}、调制指数 m_a；②输出电压 u_A、u_B 以及等效输入电阻 R_i；③判断能否产生负峰切割失真和惯性失真。

11. 检波电路如图 6.43 所示，二极管的 $r_d=150\Omega$，$U_{bz}=0$，问：①若要求不产生负

第6章 振幅调制、解调和变频电路

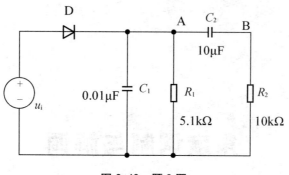

图 6.43 题 9 图

峰切割失真 m_a 的取值范围是什么？②当 m_a 取不产生负峰切割失真的最大值时，若要求同时满足不产生惰性失真 Ω 的取值范围是什么？

12. 检波电路如图 6.43 所示，已知调制信号频率 $F = 300 \sim 5000\text{Hz}$，载波频率 $f_c = 6\text{MHz}$，最大调制指数 $m_{a\max} = 0.7$，要求电路不产生惰性失真和负峰切割失真，求 C 和 R_L 的值。

13. 同步检波电路如图 6.44 所示，乘法器的乘积因子为 K，本地载频信号电压 $u_L = \cos(\omega_c t + \varphi)$，如果输入信号 u_i 为：

（1）双边带调幅波
$$u_i = [\cos(\Omega_1 t) + \cos(\Omega_2 t)]\cos(\omega_c t)$$

（2）单边带调幅波
$$u_i = \cos(\omega_c + \Omega_1)t + \cos(\omega_c + \Omega_2)t$$

求以上两种情况下的输出电压表达式，并说明是否存在失真。假设 $Z_L(\omega_c) \approx 0$，$Z_L(\Omega) \approx R_L$。

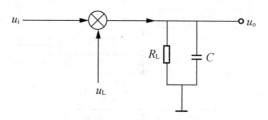

图 6.44 题 13 图

14. 混频电路输入信号 $u_{AM}(t) = U_{cm}[1 + m_a\cos\Omega t]\cos\omega_c t$，本地振荡信号 $u_L(t) = U_{Lm}\cos\omega_L t$，带通滤波器调谐在低中频 $\omega_I = \omega_L - \omega_c$ 上，求此时输出电压表达式。

第 7 章

角度调制与解调

内容摘要

- 掌握调角信号的定义、表达式、波形频谱等基本特征。
- 掌握典型的角度调制电路的结构、工作原理、分析方法和性能特点。
- 了解数字角度调制的典型调制方式及其实现电路的构成。
- 掌握典型调角信号的解调电路的结构、工作原理、分析方法和性能特点。
- 了解数字调角信号的解调方式及其实现电路的构成。

本章知识结构

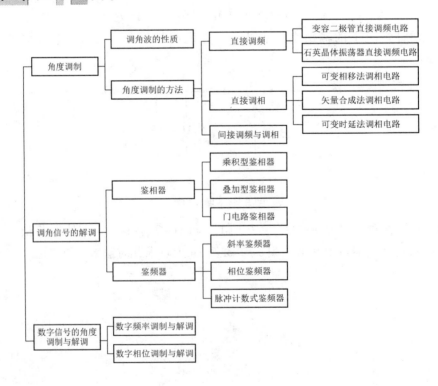

第7章 角度调制与解调

■ 导入案例

1983年,美国的哥伦比亚号航天飞机执行 STS-09 任务,宇航员欧文加利特(Owen Garriott)在 STS-09 航天飞机任务中的业余时间,使用如图7.1所示的一台 Motorola 2米FM对讲机和一副安装在窗户上的天线,与地球上的业余无线电台进行了上百个 QSO,开创了业余无线电联络在人类宇航中的历史。为什么FM信号能进行如此远距离的传输,FM信号又是如何产生的呢,本章将详细介绍角度调制的相关内容。

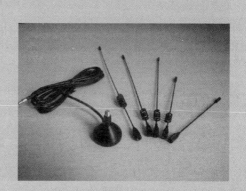

图7.1 MotorolaFM对讲机与室内天线

■ 引言

根据调制的定义,用调制信号控制高频载波的频率或相位,使之随调制信号的变化规律而变化的这一过程被称为频率调制或相位调制,简称调频(FM)或调相(PM)。不管是调频还是调相均是对高频载波的角度进行调制所以调频与调相统称为角度调制。它的逆过程称为频率解调或相位解调简称为鉴频或鉴相。与振幅调制相比,角度调制信号的抗干扰能力强,载波功率利用系数较高,但需要较宽的传送频带。调频主要应用于调频广播、广播电视、通信及遥测遥控等,调相主要应用于数字通信系统中的移相键控。

7.1 调角波的性质

7.1.1 瞬时角频率与瞬时相位

未调制的高频载波信号可表示为
$$u(t) = U_m \cos(\omega_c t + \varphi_0)$$
其中:角频率 ω_c 与初始相位 φ_0 为常量;$\theta(t) = \omega_c t + \varphi_0$ 称为载波信号的瞬时相位,是

时间的函数，其物理意义可用长度为 U_m 与实轴之间夹角为 $\theta(t)$ 的矢量表示，如图 7.2 所示。

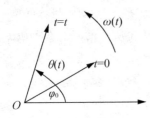

图 7.2　载波信号的矢量表示

设矢量绕原点做逆时针旋转，旋转的角速度为 $\omega(t)$，$t=0$ 时的瞬时相位为 $\theta(t)|_{t=0}=\varphi_0$，则瞬时相位 $\theta(t)$ 等于矢量在时间 t 内转过的角度与初始相位之和，即

$$\theta(t) = \int_0^t \omega(t)\,dt + \varphi_0 \tag{7.1.1}$$

将式(7.1.1)两边进行微分可得旋转矢量的瞬时角速度，即

$$\omega(t) = \frac{d\theta(t)}{dt} \tag{7.1.2}$$

称为瞬时角频率。式(7.1.1)与式(7.1.2)为瞬时相位 $\theta(t)$ 与瞬时角频率 $\omega(t)$ 之间的关系，是角度调制中两个重要的关系式。

7.1.2　调角波的数学表达式

当输入调制信号 $u_\Omega(t)$ 后，按照角度调制的定义，调频波的瞬时角频率应与调制信号呈线性关系，即

$$\omega(t) = \omega_c + k_f u_\Omega(t) = \omega_c + \Delta\omega(t) \tag{7.1.3}$$

其中

$$\Delta\omega(t) = k_f u_\Omega(t) \tag{7.1.4}$$

小贴士

k_f 称为调制灵敏度，是由调制电路所决定的比例系数，单位为 $\dfrac{\text{rad}}{\text{s}\cdot\text{V}}$

称为瞬时角频率偏移，是叠加在 ω_c 上按调制信号规律变化的瞬时角频率。根据瞬时角频率与瞬时相位之间的关系将式(7.1.3)代入式(7.1.1)可得调频波瞬时相位如下：

$$\theta(t) = \omega_c t + k_f \int_0^t u_\Omega(t)\,dt + \varphi_0 = \omega_c t + \Delta\theta(t) + \varphi_0 \tag{7.1.5}$$

式中

$$\Delta\theta(t) = k_f \int_0^t u_\Omega(t)\,dt \tag{7.1.6}$$

称为附加相位。

小贴士

当输入调制信号 $u_\Omega(t)$ 后，不仅使瞬时角频率变化了 $\Delta\omega(t)$ 也使瞬时相位变化了 $\Delta\theta(t)$。

而调相波的瞬时相位应与调制信号呈线性关系，即

$$\theta(t) = \omega_c t + \varphi_0 + k_p u_\Omega(t) = \omega_c t + \varphi_0 + \Delta\theta(t) \tag{7.1.7}$$

式中调制灵敏度 k_p 的单位为 $\dfrac{\text{rad}}{\text{V}}$，

$$\Delta\theta(t) = k_p u_\Omega(t) \tag{7.1.8}$$

为随调制信号进行变化的附加相位。

同样根据瞬时角频率与瞬时相位之间的关系将式(7.1.7)代入式(7.1.2)可得调相波瞬时角频率为

$$\omega(t) = \frac{d\theta(t)}{dt} = \omega_c + k_p \frac{du_\Omega(t)}{dt} = \omega_c + \Delta\omega(t) \tag{7.1.9}$$

说明调相波的瞬时相位与瞬时角频率也都随调制信号发生了变化。为了简化分析，令 $\varphi_0 = 0$ 则得到调角波的表达式为

$$\begin{cases} u_{\text{FM}}(t) = U_m \cos[\theta(t)] = U_m \cos\left[\omega_c t + k_f \displaystyle\int_0^t u_\Omega(t)dt\right] \\ u_{\text{PM}}(t) = U_m \cos[\theta(t)] = U_m \cos[\omega_c t + k_p u_\Omega(t)] \end{cases} \tag{7.1.10}$$

当单频调制时，设调制信号为 $u_\Omega(t) = U_{\Omega m}\cos\Omega t$，则表达式(7.1.10)可整理为

$$u_{\text{FM}} = U_m \cos\left[\omega_c t + k_f \int_0^t u_\Omega(t)dt\right] = U_m \cos\left[\omega_c t + k_f \int_0^t U_{\Omega m}\cos\Omega t\, dt\right]$$
$$= U_m \cos\left[\omega_c t + k_f \int_0^t U_{\Omega m}\cos\Omega t\, dt\right] = U_m \cos\left[\omega_c t + \frac{k_f U_{\Omega m}}{\Omega}\sin\Omega t\right] = U_m \cos[\omega_c t + m_f \sin\Omega t] \tag{7.1.11}$$

$$u_{\text{PM}} = U_m \cos[\omega_c t + k_p u_\Omega(t)] = U_m \cos[\omega_c t + k_p U_{\Omega m}\cos\Omega t]$$
$$= U_m \cos[\omega_c t + m_p \cos\Omega t] \tag{7.1.12}$$

其中

$$m_f = \frac{k_f U_{\Omega m}}{\Omega} \tag{7.1.13}$$

称为调频指数，表示调频信号的最大附加相位。

$$m_p = k_p U_{\Omega m} \tag{7.1.14}$$

称为调相指数，表示调相信号的最大附加相位。而调频信号与调相信号的瞬时角频率可整理为

$$\omega(t) = \omega_c + \Delta\omega(t) = \begin{cases} \omega_c + k_f U_{\Omega m}\cos\Omega t = \omega_c + \Delta\omega_m \cos\Omega t \\ \omega_c + k_p \dfrac{du_\Omega(t)}{dt} = \omega_c - \Delta\omega_m \sin\Omega t \end{cases} \tag{7.1.15}$$

其中

$$\Delta\omega_m = 2\pi\Delta f_m = \begin{cases} k_f U_{\Omega m} = m_f \Omega \\ k_p U_{\Omega m}\Omega = m_p \Omega \end{cases} \tag{7.1.16}$$

称为最大角频偏，是 $\Delta\omega(t)$ 的最大值而 Δf_m 称为最大频偏。由式(7.1.16)可以看出调角信号的最大角频偏或最大频偏可统一写为

$$\Delta\omega_m = m\Omega \tag{7.1.17}$$

或

$$\Delta f_m = mF \qquad (7.1.18)$$

调频信号波形如图 7.3 所示，调相信号波形如图 7.4 所示。

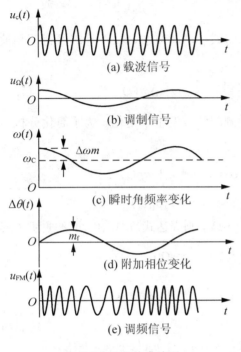

图 7.3　调频信号波形

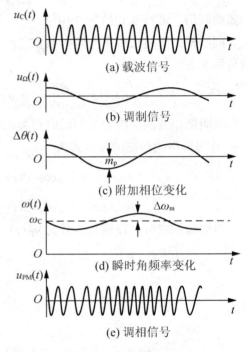

图 7.4　调相信号波形

7.1.3　调角波的频谱及带宽

由表达式(7.1.11)与表达式(7.1.12)可见，在采用同一单频信号调制时，调频信号与调相信号数学表达式的差别仅为附加相位的不同，前者的附加相位按正弦规律变化，后者按余弦规律变化，均为等幅疏密波，因而它们的频谱结构是类似的。下面以调频信号为例分析调角信号的频谱。

在式(7.1.11)表示的单频调制的调频信号中，利用三角函数公式将其展开得

$$\begin{aligned}u_{FM} &= U_m \cos[\omega_c t + m_f \sin\Omega t] \\ &= U_m \cos(\omega_c t)\cos[m_f \sin(\Omega t)] - U_m \sin(\omega_c t)\sin[m_f \sin(\Omega t)]\end{aligned} \qquad (7.1.19)$$

式中

$$\cos[m_f \sin(\Omega t)] = J_0(m_f) + 2\sum_{n=1}^{\infty} J_{2n}(m_F)\cos 2n\Omega t \qquad (7.1.20)$$

$$\sin[m_f \sin(\Omega t)] = 2\sum_{n=0}^{\infty} J_{2n+1}(m_f)\sin(2n+1)\Omega t \qquad (7.1.21)$$

这里 n 均取正整数。

第7章 角度调制与解调

> **小贴士**
>
> $J_n(m_f)$ 是以 m_f 为参数的 n 阶第一类贝塞尔函数。

图 7.5 中画出了 $J_n(m_f)$ 随 m_f 变化的关系曲线。将式(7.1.20)与式(7.1.21)代入式(7.1.19),为简化分析令 $U_m=1$ 得

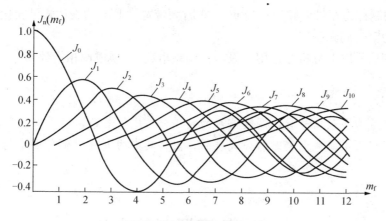

图 7.5 贝塞尔函数曲线

$$
\begin{aligned}
u_{FM}(t) = & J_0(m_f)\cos(\omega_c t) & \text{载频} \\
& +J_1(m_f)\cos(\omega_c+\Omega)t-J_1(m_f)\cos(\omega_c-\Omega)t & \text{第一对边频} \\
& +J_2(m_f)\cos(\omega_c+2\Omega)t+J_2(m_f)\cos(\omega_c-2\Omega)t & \text{第二对边频} \\
& +J_3(m_f)\cos(\omega_c+3\Omega)t-J_3(m_f)\cos(\omega_c-3\Omega)t & \text{第三对边频} \\
& +\cdots &
\end{aligned}
\tag{7.1.22}
$$

由式(7.1.22)可以看出,调频波的频谱具有以下特点。

(1) 频谱由载频分量和无数组上、下边频分量构成,边频分量与载频分量相隔都是调制频率的整数倍,各频率分量的振幅由对应的各阶贝塞尔函数值所确定;偶数次的上、下边频分量振幅相同,相位相同;奇数次的上、下边频分量振幅相同,相位相反。

(2) 调制指数 m_f 越大,具有较大振幅的边频分量越多,但对于某些 m_f 值,载频或某边频分量振幅为零。

(3) 由表达式(7.1.22)可以计算调频波的功率为

$$P_{FM}=\frac{U_m^2}{2R}\{J_0^2(m_f)+2[J_1^2(m_f)+J_2^2(m_f)+\cdots+J_m^2(m_f)+\cdots]\} \tag{7.1.23}$$

根据贝塞尔函数的性质式中 $J_0^2(m_f)+2[J_1^2(m_f)+J_2^2(m_f)+\cdots+J_m^2(m_f)+\cdots]=1$ 因此调频前后平均功率没有发生变化,调频只导致能量从载频向边频分量转移而总能量未变。

虽然调频波的边频分量有无数多个,但对于任一给定的 m_f 值,随着 n 的增加其对应的边频分量的振幅逐渐减小,以至于滤除这些边频分量对调频波不会产生显著的影响,因此调频信号的频带宽度可以认为是有限的。通常规定:凡是振幅小于未调制载波振幅的

1%(或 10%，根据不同要求而定)的边频分量即可忽略不计，保留下来的频谱分量就确定了调频波的频带宽度。

频带宽度 BW 可由下列近似公式求出

$$BW = 2(m_f + 1)F \tag{7.1.24}$$

其中：F 为调制信号频率即 $F = \dfrac{\Omega}{2\pi}$；当 $m_f \gg 1$ 时频带宽度 BW 的表达式可简化为 BW $\approx 2m_f F$，此种调制称为宽带调频制；当 $m_f \ll 1$ 时频带宽度 BW 的表达式可简化为 BW $\approx 2F$，此种调制称为窄带调频制。

对于调相信号以上分析亦适用，只需将调频指数 m_f 换成调相指数 m_p。

小贴士

当调制信号为多频信号时，调频信号的频谱分析比较复杂，但大多数调频信号占有的有效频谱带宽仍可用单频调制时的公式表示，仅将其中的 F 用调制信号中的最高调制频率 $F_{\max}$ 取代即可。

7.2 角度调制的方法

7.2.1 调频电路

产生调频信号的方法主要分为两类：第一类是用调制信号直接控制载波的瞬时频率产生调频信号，称为直接调频；第二类是先将调制信号积分用积分后的信号进行调相，得到调频信号，称为间接调频。

1. 变容二极管直接调频电路

变容二极管的结电容随反向电压的改变而变化，利用变容二极管这一特性将其接入振荡器的振荡回路中，作为可控电容元件使回路的电容量随调制电压变化，从而改变振荡频率达到调频的目的。

图 7.6 所示为变容二极管调频器的原理电路。其中 c_c 是高频耦合电容，L_1 是高频扼流圈，c_φ 是低频旁路电容。设调制电压为单频余弦信号 $u_\Omega(t) = U_{\Omega m}\cos\Omega t$ 则加在变容二极管两端的反向电压为

$$u_r = V_{cc} - V_B + u_\Omega(t) = V_Q + U_{\Omega m}\cos\Omega t \tag{7.2.1}$$

式中 $V_Q = V_{cc} - V_B$ 是加在变容二极管上的直流偏置电压。变容二极管的结电容 c_j 与反向偏置电压 u_r 之间的关系为

$$c_j = \dfrac{c_{j0}}{\left(1 + \dfrac{u_r}{U_D}\right)^\gamma} \tag{7.2.2}$$

第7章 角度调制与解调

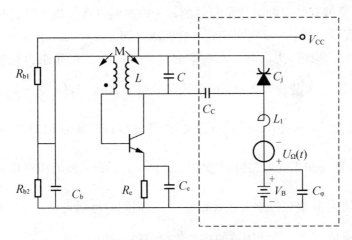

图 7.6 变容二极管调频电路

其中：c_{j0} 为变容二极管未加载反向偏置电压时的结电容；U_D 为变容二极管的 PN 结势垒电压，γ 为电容变化系数。当调制信号电压 $u_\Omega(t)=0$ 时，$u_r=V_Q$ 此时为载波状态，对应的变容二极管结电容为

$$c_{jQ}=\frac{c_{j0}}{(1+\frac{V_Q}{U_D})^\gamma} \tag{7.2.3}$$

当调制信号为 $u_\Omega(t)=U_{\Omega m}\cos\Omega t$ 时变容二极管的结电容为

$$\begin{aligned}
c_j &= \frac{c_{j0}}{(1+\frac{V_Q+U_{\Omega m}\cos\Omega t}{U_D})^\gamma} = \frac{c_{j0}}{\left[\frac{V_Q+U_D}{U_D}\left(1+\frac{U_{\Omega m}\cos\Omega t}{U_D+V_Q}\right)\right]^\gamma} \\
&= \frac{c_{jQ}}{\left(1+\frac{U_{\Omega m}\cos\Omega t}{U_D+V_Q}\right)^\gamma} = \frac{c_{jQ}}{(1+m\cos\Omega t)^\gamma}
\end{aligned} \tag{7.2.4}$$

式中 $m=\dfrac{U_{\Omega m}}{U_D+V_Q}$ 为电容调制度。所以电路的电容量随调制信号的变化而变化，根据表达式 $\omega(t)=\dfrac{1}{\sqrt{LC_j}}$ 可知，电路中的瞬时角频率随调制信号的变化而变化即

$$\omega(t)=\frac{1}{\sqrt{\dfrac{Lc_{jQ}}{(1+m\cos\Omega t)^\gamma}}}=\omega_c(1+m\cos\Omega t)^{\frac{\gamma}{2}} \tag{7.2.5}$$

将式(7.2.5)在 $m\cos\Omega t=0$ 处展开为泰勒级数得

$$\begin{aligned}
\omega(t) &= \omega_c\left[1+\frac{\gamma}{2}m\cos\Omega t+\frac{\frac{\gamma}{2}\left(\frac{\gamma}{2}-1\right)}{2!}m^2\cos^2\Omega t\right] \\
&= \omega_c\left[1+\frac{\gamma}{2}m\cos\Omega t+\frac{\gamma^2}{8}m^2\cos^2\Omega t-\frac{\gamma}{4}m^2\cos^2\Omega t\right] \\
&= \omega_c\left[1+\frac{\gamma}{8}\left(\frac{\gamma}{2}-1\right)m^2+\frac{\gamma}{2}m\cos\Omega t+\frac{\gamma}{8}\left(\frac{\gamma}{2}-1\right)m^2\cos2\Omega t\right]
\end{aligned} \tag{7.2.6}$$

通常 $m<1$，所展开的泰勒级数是收敛的，所以忽略三次方以上的各项。从上式可知当变容二极管的变容系数 $\gamma=2$ 时可实现线性调频，即 $\omega(t)=\omega_c(1+m\cos\Omega t)$；当 $\gamma\neq 2$ 时输出调频波会产生非线性失真和中心频率偏移。由式(7.2.6)可求得调频波的最大角频偏为 $\Delta\omega_m=\dfrac{\gamma}{2}m\omega_c$，二次谐波失真分量的最大角频偏为 $\Delta\omega_{2m}=\dfrac{\gamma}{8}\left(\dfrac{\gamma}{2}-1\right)m^2\omega_c$，中心频率偏移的偏离值为 $\Delta\omega_c=\dfrac{\gamma}{8}\left(\dfrac{\gamma}{2}-1\right)m^2\omega_c$，而中心角频率的相对偏离值为 $\dfrac{\Delta\omega_c}{\omega_c}=\dfrac{\gamma}{8}\left(\dfrac{\gamma}{2}-1\right)m^2$，由此可知当变容二极管选定后即 γ 一定，调频波的相对角频偏值与电容调制度 m 成正比，增大 m 值可以增大相对频偏 $\dfrac{\Delta\omega_c}{\omega_c}$，但同时也增大非线性失真和中心角频率相对偏离值；当 m 值选定，即调频波的相对角频偏值一定时，提高 ω_c 可以增大调频波的最大角频偏值 $\Delta\omega_m$。

2. 石英晶体振荡器直接调频

在某些对中心频率稳定度要求很高的场合可以采用直接对石英晶体振荡器进行调频。晶体振荡器有两种类型：一种是工作在石英晶体的串联谐振频率上，晶体等效为一个短路元件起选频作用；另一种是工作于晶体的串联与并联谐振频率之间，晶体等效为一个高品质因数的电感元件，作为振荡回路元件。直接调频电路通常是将变容二极管接入后一种晶体振荡器的回路中实现调频。变容二极管接入振荡回路有两种形式：一种是与石英晶体相串联；另一种是与石英晶体相并联。不管是哪种形式，变容二极管的结电容的变化都会引起晶体振荡器的振荡频率变化。

图 7.7 所示为石英晶体振荡器直接调频电路及其等效电路。图 7.7(a)中 L_1、L_2、L_3 为高频扼流圈，对高频信号相当于开路，对低频信号相当于短路，石英晶体等效为电感 L_e。

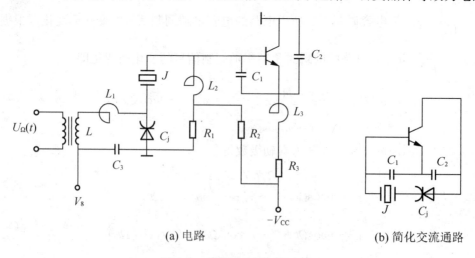

(a) 电路　　　　　　　　　(b) 简化交流通路

图 7.7　晶体振荡器调频电路

晶体振荡器的振荡频率在晶体的并联谐振频率 f_p 和串联谐振频率 f_q 之间变化。晶体的并联谐振频率与串联谐振频率之差为 $f_p - f_q \approx \frac{c_q}{2c_0}f_q$,其中:$c_q$ 为晶体自身等效电容;c_0 为晶体支架静电容量。因为晶体的并联谐振频率与串联谐振频率相差很小,其调频的频偏也很小。调频波的最大频偏为 $\Delta f_m < \frac{c_q}{4c_0}f_q$,最大相对频偏为 $\frac{\Delta f_m}{f_q} < \frac{c_q}{4c_0}$,一般情况下相对频偏仅为 0.01% 左右。

晶体振荡器直接调频电路的优点是中心频率稳定度高,但由于振荡回路引入了变容二极管,其中心频率稳定度相对于不调频的晶体振荡器有所降低。

7.2.2 调相电路

调相有多种实现方法,可以归纳为 3 类:可变相移法、矢量合成法和可变时延法。

1. 可变相移法调相电路

将载波信号通过一个受调制信号控制的相移网络即可实现调相。

图 7.8 所示是单回路变容二极管调相电路。它通过改变电感 L 和变容二极管 C_j 组成的谐振回路的谐振频率来实现调相。图 7.8 中 c_1、c_2、c_3 的作用是保证直流源为变容二极管提供直流偏压,对于载波频率 ω_c 相当于短路。R_1、R_2 是谐振回路对输入端和输出端的隔离电阻,R_4 是直流源与调制信号源之间的隔离电阻。

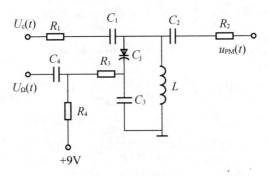

图 7.8 变容二极管调相电路

由谐振回路的特点可知,一个并联谐振回路的阻抗可表示为

$$Z(j\omega) = \frac{R_p}{1+jQ\frac{2(\omega-\omega_0)}{\omega_0}} = \frac{R_p}{\sqrt{1+[Q\frac{2(\omega-\omega_0)}{\omega_0}]^2}} e^{j\varphi_Z(\omega)} \qquad (7.2.7)$$

其中:R_p 为回路谐振电阻;Q 为回路品质因数;ω_0 为回路谐振频率。

$$\varphi_Z(\omega) = -\arctan\left[Q\frac{2(\omega-\omega_0)}{\omega_0}\right] \qquad (7.2.8)$$

为回路的相频特性。当回路只加载载波信号 $u_c(t) = U_{cm}\cos\omega_c t$ 而未加载调制信号时,

即 $u_\Omega(t)=0$ 时 $c_j = c_{jQ}$, $\omega_0 = \omega_c = \dfrac{1}{\sqrt{LC_{jQ}}}$ 回路的谐振角频率为载波信号的角频率。当回路加载调制信号为 $u_\Omega(t) = U_{\Omega m}\cos\Omega t$ 时，回路谐振角频率将随 $u_\Omega(t)$ 进行变化，即

$$\omega_0[u_\Omega(t)] = \dfrac{1}{\sqrt{\dfrac{LC_{jQ}}{(1+m\cos\Omega t)^\gamma}}} = \omega_C(1+m\cos\Omega t)^{\frac{\gamma}{2}} \tag{7.2.9}$$

其中：m 为电容调制度。将式(7.2.9)代入式(7.2.8)中，可以看到角频率的变化导致回路相频特性的变化即回路的相频特性随调制信号发生变化。回路相频特性的变化规律如图7.9所示。

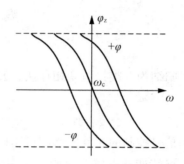

图7.9　谐振频率变化产生附加相移

将式(7.2.9)用幂级数展开，并限制 m 为较小的值，则可忽略二次方及其以上各次方项，得到回路的谐振角频率为

$$\omega_0(t) = \omega_c\left(1 + \dfrac{\gamma}{2}m\cos\Omega t\right) = \omega_c + \Delta\omega_0(t) \tag{7.2.10}$$

式中 $\Delta\omega_0(t) = \dfrac{\gamma}{2}\omega_c m\cos\Omega t$。当 $\varphi_Z(\omega) < \dfrac{\pi}{6}$ 时，有 $\tan\varphi_Z(\omega) \approx \varphi_Z(\omega)$ 因此

$$\varphi_Z(\omega) = -\arctan Q\dfrac{2[\omega - \omega_0(t)]}{\omega_0(t)} \approx -Q\dfrac{2[\omega - \omega_0(t)]}{\omega_0(t)} \tag{7.2.11}$$

当 $\omega = \omega_c$ 时

$$\varphi_Z(\omega_c) \approx -2Q\dfrac{\omega_c - [\omega_c + \Delta\omega_0(t)]}{\omega_c + \Delta\omega_0(t)} = -2Q\dfrac{\Delta\omega_0(t)}{\omega_c + \Delta\omega_0(t)} \tag{7.2.12}$$

通常满足 $\Delta\omega_0(t) \ll \omega_c$ 则式(7.2.12)化简为

$$\varphi_Z(\omega_c) \approx 2Q\dfrac{\Delta\omega_0(t)}{\omega_c} = \gamma Qm\cos\Omega t = m_p\cos\Omega t \tag{7.2.13}$$

式中

$$m_p = \gamma Qm \tag{7.2.14}$$

其值应限制在 $\dfrac{\pi}{6}$ rad 以下。

小贴士

在实际应用中，通常需要较大的调相指数 m_p，可以将若干单回路变容二极管调相电路

级联构成一个多级单回路变容二极管调相电路。每一个回路均由一个变容二极管调相,各变容二极管受同一调制信号控制。每个回路的 Q 值由可变电阻调节,使各级回路产生相等的相移。各级之间采用小电容作为耦合电容,总相移是各级相移之和。

2. 矢量合成法调相电路

由式(7.1.12)可知,在调制信号为 $u_\Omega(t) = U_{\Omega m}\cos\Omega t$ 时,调相信号的数学表达式为 $u_{PM}(t) = U_m\cos[\omega_c t + m_p\cos\Omega t]$ 将其展开为

$$u_{PM}(t) = U_m\cos[\omega_c t + m_p\cos\Omega t] = U_m\cos\omega_c t \cdot \cos(m_p\cos\Omega t) - U_m\sin\omega_c t \cdot \sin(m_p\cos\Omega t) \tag{7.2.15}$$

当 m_p 满足 $m_p < \dfrac{\pi}{12}$ rad 即为窄带调相时有 $\cos(m_p\cos\Omega t) \approx 1$,$\sin(m_p\cos\Omega t) \approx m_p\cos\Omega t$,则式(7.2.15)可简化为

$$u_{PM}(t) = U_m\cos\omega_c t - U_m m_p\cos\Omega t\sin\omega_c t \tag{7.2.16}$$

此时产生的误差小于3%,若误差允许小于10%则 m_p 可限制在 $\dfrac{\pi}{6}$ rad 以下。由此可见,调相波可以由载波信号和抑制载波的双边带调幅波信号相叠加构成,而这两个信号的相位差 $\dfrac{\pi}{2}$ rad 即两个信号矢量相互正交,如图7.10所示。

所以将这种调相方法称为矢量合成法,又称为阿姆斯特朗法,实现模型如图7.11所示,从原理上分析,这种方法只能不失真的产生 $m_p < \dfrac{\pi}{12}$ rad 的窄带调相波。

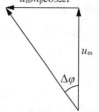

图 7.10 矢量合成原理

3. 可变时延法调相电路

可变时延法调相电路的实现模型如图7.12所示。

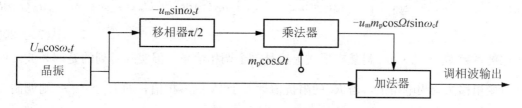

图 7.11 矢量合成法调相电路的实现模型

将晶体振荡器产生的载波信号通过一个受调制信号控制的时延网络,得到的输出电压为

$$u_{PM}(t) = U_m\cos[\omega_c(t - \tau)] \tag{7.2.17}$$

式中,时延 τ 受调制信号控制,并与调制信号电压成正比,即 $\tau = ku_\Omega(t) = kU_{\Omega m}\cos\Omega t$,则式(7.2.17)可以表示为

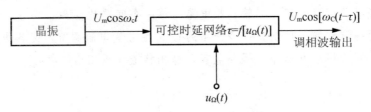

图 7.12　可变时延法调相电路的实现模型

$$u_{PM}(t) = U_m \cos[\omega_c t - k\omega_c U_{\Omega m} \cos\Omega t] = U_m \cos[\omega_c t - m_p \cos\Omega t] \quad (7.2.18)$$

式中 $m_p = k\omega_c U_{\Omega m}$，附加相位与调制信号成正比，实现了线性调相。

7.2.3　间接调频与间接调相

由表达式(7.1.3)、式(7.1.5)和式(7.1.7)、式(7.1.9)可知，调频波瞬时角频率随调制信号发生变化时，瞬时相位也相应变化；调相波瞬时相位随调制信号发生变化时，其瞬时角频率也相应变化。两者的区别在于调频伴随调相，调频波瞬时角频率变化量与调制信号大小成正比，瞬时相位变化量与调制信号对时间积分成正比；调相伴随调频，调相波瞬时相位变化量与调制信号大小成正比，瞬时角频率变化量与调制信号对时间求导成正比。因为频率和相位之间的关系是微分与积分的关系，所以可采用调相的方法获得调频波，即所谓的间接调频。方法是首先将调制信号 $u_\Omega(t)$ 通过积分电路进行积分得到新的调制信号，即

$$u'_\Omega(t) = k_1 \int_0^t u_\Omega(t) \, dt \quad (7.2.19)$$

利用这个新的调制信号对载波信号 $u_c(t) = U_m \cos\omega_c t$ 进行调相，其瞬时相位变化量为 $\Delta\theta(t) = k_p k_1 \int_0^t u_\Omega(t) \, dt$ 则调相波信号为

$$u_{pM}(t) = U_m \cos[\omega_c t + \Delta\theta(t)] = U_m \cos\left[\omega_c t + k_p k_1 \int_0^t u_\Omega(t) \, dt\right] = U_m \cos\left[\omega_c t + k_f \int_0^t u_\Omega(t) \, dt\right] \quad (7.2.20)$$

式中比例系数 $k_f = k_p \cdot k_1$。显然在形式上这是一个调相信号，但实际得到的是调频波。例如在可变相移法调相电路中，若 R_3 的阻抗值远大于 C_3 的容抗值，即 $R_3 \gg \dfrac{1}{\Omega C_3}$ 则调制信号在 $R_3 C_3$ 电路中产生的电流为 $i_\Omega(t) \approx \dfrac{u_\Omega(t)}{R_3}$，该电流向电容 C_3 充电，因此实际加在变容二极管上的调制信号为

$$u'_\Omega(t) = \frac{1}{C_3} \int_0^t i_\Omega(t) \, dt = \frac{1}{R_3 C_3} \int_0^t u_\Omega(t) \, dt \quad (7.2.21)$$

由此看出 $R_3 C_3$ 电路的作用可等效为一个积分电路。当 $u_\Omega(t) = U_{\Omega m} \cos\Omega t$ 时 $u'_\Omega(t)$ 整理为

$$u'_\Omega(t) = \frac{1}{R_3 C_3} \int_0^t U_{\Omega m} \cos\Omega t \, dt = \frac{U_{\Omega m}}{\Omega R_3 C_3} \sin\Omega t \qquad (7.2.22)$$

此时电容的调制度为 $m = \dfrac{U_{\Omega m}}{\Omega R_3 C_3 (U_D + V_Q)}$ 则根据表达式(7.2.14)可知调频波的调制指数为

$$m_f = m_p = \frac{U_{\Omega m} \gamma Q}{\Omega R_3 C_3 (U_D + V_Q)} \qquad (7.2.23)$$

最大角频偏为

$$\Delta\omega_m = m_f \cdot \Omega = \frac{U_{\Omega m} \gamma Q}{R_3 C_3 (U_D + V_Q)} \qquad (7.2.24)$$

当采用调频方法获得调相波，即为间接调相。方法是先对调制信号 $u_\Omega(t)$ 进行微分，得到一个新的调制信号 $u'_\Omega(t) = k_1 du_\Omega(t)$，然后用这个新的调制信号对载波进行调频，其瞬时相位变化量为 $\Delta\theta(t) = k_f \int_0^t k_1 du_\Omega(t) = k_f k_1 u_\Omega(t) = k_p u_\Omega(t)$ 则调频波信号为

$$u_{FM}(t) = U_m \cos[\omega_c t + \Delta\theta(t)] = U_m \cos[\omega_c t + k_f \int_0^t k_1 du_\Omega(t)] = U_m \cos[\omega_c t + k_p u_\Omega(t)] \qquad (7.2.25)$$

式中，比例系数 $k_p = k_f \cdot k_1$，可以看出在形式上这是一个调频信号，但实际得到的是调相波。

7.3 调角信号的解调

调角信号的解调是从已调波中检出反映在频率或相位变化上的调制信号。调频波的解调称为频率检波，简称鉴频，相应的解调电路称为频率检波器或鉴频器；调相波的解调称为相位检波，简称鉴相，相应的解调电路称为相位检波器或鉴相器。

7.3.1 鉴相器

常用的鉴相器电路有乘积型鉴相器、叠加型鉴相器和门电路鉴相器。

1. 乘积型鉴相电路

乘积型鉴相电路采用模拟乘法器作为非线性器件进行频率变换，通过低通滤波器取出原调制信号，其实现模型如图 7.13 所示。

设输入信号为 $\begin{cases} u_1(t) = U_{1m}\cos\omega_c t \\ u_2(t) = U_{2m}\sin(\omega_c t + \theta) \end{cases}$，$u_1(t)$ 与 $u_2(t)$ 的相位差为 $\dfrac{\pi}{2} + \theta$，根据乘法器输入信号幅度大小的不同，乘积型鉴相器有 3 种不同的工作状态。

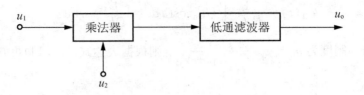

图 7.13 乘积型鉴相器实现模型

1) 两个输入信号均为小信号

当 $\begin{cases} u_1(t) = U_{1m}\cos\omega_c t \\ u_2(t) = U_{2m}\sin(\omega_c t + \theta) \end{cases}$ 均为小信号即振幅均小于 26mV，此时乘法器线性工作，输出信号为

$$u'_0(t) = A_M u_1(t) u_2(t) = A_M U_{1m} U_{2m} \sin(\omega_c t + \theta)\cos\omega_c t$$
$$= \frac{1}{2} A_M U_{1m} U_{2m} \sin\theta + \frac{1}{2} A_M U_{1m} U_{2m} \sin(2\omega_c t + \theta)$$

其中，A_M 为乘法器的增益系数。设低通滤波器的通带增益为 1 则通过低通滤波器滤除上式中的高频分量，得到输出信号为

$$u_0(t) = \frac{1}{2} A_M U_{1m} U_{2m} \sin\theta = A_d \sin\theta \quad (7.3.1)$$

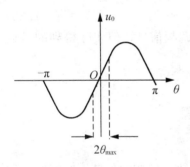

图 7.14 正弦鉴相特性

其中：$A_d = \frac{1}{2} A_M U_{1m} U_{2m}$ 称为鉴相灵敏度，单位为 $\frac{V}{rad}$。表达式(7.3.1)表明当 $U_{1m} U_{2m}$ 不变时，输出信号 $u_0(t)$ 与两个输入信号相位差的正弦值成正比。而 u_0 与 θ 的关系曲线称为鉴相器的鉴相特性曲线，图 7.14 所示是一条正弦曲线，称为正弦鉴相特性。当 $|\theta| \leqslant 0.5\text{rad}$ 时，有 $\sin\theta \approx \theta$，因此可得

$$u_0 \approx A_d \theta \quad (7.3.2)$$

小贴士

乘积型鉴相器在输入均为小信号的情况下，只有当 $|\theta| \leqslant 0.5\text{rad}$ 时，鉴相特性才接近直线即实现线性鉴相，A_d 为鉴相特性直线段的斜率所以也称为鉴相跨导。

2) 输入的两个信号中 $u_1(t)$ 为大信号 $u_2(t)$ 为小信号

当 $u_1(t)$ 为大信号即振幅大于 100mV 时，由 $u_1(t)$ 控制乘法器使之工作于开关状态，则乘法器输出信号为

$$u'_0(t) = A_M u_2(t) K_1(\omega_c t)$$
$$= A_M U_{2m} \sin(\omega_c t + \theta)\left[\frac{4}{\pi}\cos\omega_c t - \frac{4}{3\pi}\cos3\omega_c t + \cdots\right] \quad (7.3.3)$$
$$= \frac{2A_M U_{2m}}{\pi}[\sin\theta + \sin(2\omega_c t + \theta)] - \cdots$$

通过低通滤波器滤除高频分量,得

$$u_o(t) = \frac{2}{\pi} A_M U_{2m} \sin\theta = A_d \sin\theta \tag{7.3.4}$$

由此可知,乘积型鉴相器在输入信号中有一个为大信号时,鉴相特性仍为正弦特性,但鉴相灵敏度 A_d 只与输入的小信号幅值 U_{2m} 有关,与输入的大信号幅值 U_{1m} 无关。

3) 两个输入信号均为大信号

当 $u_1(t)$ 与 $u_2(t)$ 均为大信号即振幅均大于 100mV 时,$u_2(t)$ 也具有开关函数特性,根据乘法器的特性,输出信号为

$$i = I_o \mathrm{th}\frac{u_1(t)}{2V_T} \mathrm{th}\frac{u_2(t)}{2V_T} \tag{7.3.5}$$

将双曲正切函数用傅里叶级数展开则式(7.3.5)整理为

$$\begin{aligned}
i &= I_o \mathrm{th}\frac{u_1(t)}{2V_T} \mathrm{th}\frac{u_2(t)}{2V_T} \\
&= I_o\left(\frac{4}{\pi}\cos\omega_c t - \frac{4}{3\pi}\cos 3\omega_c t + \cdots\right) \cdot \left(\frac{4}{\pi}\sin[\omega_c t + \theta] + \frac{4}{3\pi}\sin 3[\omega_c t + \theta] + \cdots\right) \\
&= I_o \frac{8}{\pi^2}\sin\theta + I_o \frac{8}{\pi^2}\sin(2\omega_c t + \theta) + \cdots
\end{aligned} \tag{7.3.6}$$

经低通滤波器取出低频分量在负载 R 上的电压为

$$\begin{aligned}
u_o &= I_o R\left(\frac{8}{\pi^2}\sin\theta - \frac{8}{(3\pi)^2}\sin 3\theta + \cdots\right) \\
&= I_o R\left(\frac{8}{\pi^2}\sum_{n=1}^{\infty}\frac{(-1)^{n-1}}{(2n-1)^2}\sin(2n-1)\theta\right)
\end{aligned} \tag{7.3.7}$$

由此可知 u_o 与 θ 的关系如图 7.15 所示。

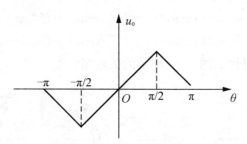

图 7.15 三角形鉴相特性

对应 θ 的不同取值区间输出电压 u_o 为

$$u_o = \begin{cases} I_o R \dfrac{2}{\pi}\theta & -\pi/2 \leqslant \theta \leqslant \pi/2 \\ I_o R\left(2 - \dfrac{2}{\pi}\theta\right) & \pi/2 \leqslant \theta \leqslant \pi \end{cases} \tag{7.3.8}$$

由式(7.3.8)可见当两个输入信号均为大信号时,其鉴相特性为三角波形,在 $-\pi/2 \leqslant \theta \leqslant \pi/2$ 区间可实现线性鉴相,比正弦形鉴相特性的线性鉴相范围要大。

小贴士

乘积型鉴相器应尽量采用大信号来获得较宽的线性鉴相范围。

2. 叠加型鉴相器

将两个输入信号叠加后加载到包络检波器而构成的鉴相器称为叠加型鉴相器。为了获得较大的线性鉴相范围,通常采用由两个包络检波器组成的平衡电路如图 7.16 所示,称为叠加型平衡鉴相器。

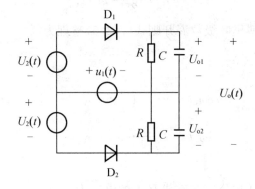

图 7.16 叠加型平衡鉴相器

设输入信号为

$$\begin{cases} u_1(t) = U_{1m}\cos\omega_c t \\ u_2(t) = U_{2m}\sin(\omega_c t + \theta) \end{cases}$$

则上、下两包络检波电路的输入电压分别为

$$\begin{cases} u_{i1}(t) = u_1(t) + u_2(t) = U_{1m}\cos\omega_c t + U_{2m}\sin(\omega_c t + \theta) \\ u_{i2}(t) = u_1(t) - u_2(t) = U_{1m}\cos\omega_c t - U_{2m}\sin(\omega_c t + \theta) \end{cases} \tag{7.3.9}$$

根据矢量叠加定理可得如图 7.17 所示的矢量图。

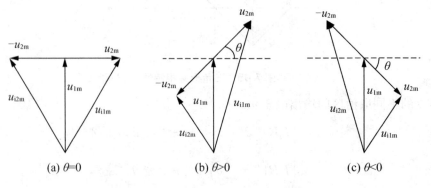

图 7.17 $u_1(t)$ 与 $u_2(t)$ 的矢量叠加

第7章 角度调制与解调

当 $\theta = 0$ 时，$u_2(t)$ 的相位滞后于 $u_1(t)$ 的相位 $\pi/2$，而 $-u_2(t)$ 的相位超前于 $u_1(t)$ 的相位 $\pi/2$，如图 7.17(a) 所示，此时合成电压 U_{i1m} 与 U_{i2m} 相等，经包络检波后输出电压 u_{o1} 与 u_{o2} 大小相等，因此鉴相器输出电压 $u_o = u_{o1} - u_{o2} = 0$。当 $\theta > 0$ 时，$u_2(t)$ 的相位滞后于 $u_1(t)$ 的相位 $\pi/2 - \theta$，而 $-u_2(t)$ 的相位超前于 $u_1(t)$ 的相位 $\pi/2 + \theta$，如图 7.17(b) 所示。此时合成电压 $U_{i1m} > U_{i2m}$，检波后的输出电压 $u_{o1} > u_{o2}$，鉴相器的输出电压 $u_o = u_{o1} - u_{o2} > 0$，且 θ 越大 u_o 就越大。当 $\theta < 0$ 时，如图 7.17(c) 所示，$U_{i1m} < U_{i2m}$，而 $u_{o1} < u_{o2}$。鉴相器的输出电压 $u_o = u_{o1} - u_{o2} < 0$，且 θ 的负值越大 u_o 的负值也越大。因此，叠加型平衡鉴相器是将两个输入信号的相位差 θ 的变化转换为输出电压 u_o 的变化。其鉴相特性也具有正弦鉴相特性，但只有当 θ 较小时才具有线性鉴相特性。

3. 门电路鉴相器

常用的门电路鉴相器有或门鉴相器和异或门鉴相器。

 小贴士

门电路鉴相器的电路简单，线性鉴相范围大，易于集成，应用较为广泛。

图 7.18(a) 所示是一个异或门鉴相器的原理图，由异或门电路和低通滤波器组成。若输入的两个信号 $u_1(t)$ 和 $u_2(t)$ 均为周期为 T 的方波信号，两个信号之间的延时为 τ，它反映了信号之间的相位差 $\theta = \dfrac{2\pi\tau}{T}$，当异或门电路的两个输入电平不同时，输出为 "1" 电平，其他情况均为 "0" 电平，所以异或门输出信号 $u'_o(t)$ 的波形为脉冲信号，经低通滤波器得到平均分量与相位差 θ 的关系如图 7.18(b) 所示。从图 7.18(c) 所示图中可看出，异或门鉴相器的输出信号 $u_o(\theta)$ 与 θ 的关系为三角形曲线，可表示为

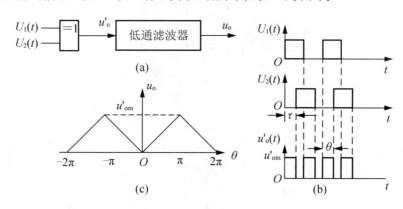

图 7.18 异或门鉴相器

$$u_o(\theta) = \begin{cases} U_{om} \dfrac{\theta}{\pi} & 0 \leqslant \theta \leqslant \pi \\ U_{om} \left(2 - \dfrac{\theta}{\pi}\right) & \pi \leqslant \theta \leqslant 2\pi \end{cases} \qquad (7.3.10)$$

其鉴相灵敏度

$$A_d = \pm \frac{U_{om}}{\pi} \quad \quad (7.3.11)$$

7.3.2 鉴频器

常用的鉴频器有斜率鉴频器、相位鉴频器、脉冲计数式鉴频器

1. 斜率鉴频器

斜率鉴频器的鉴频原理是先将等幅调频信号输入频率—振幅线性变换网络，变换成幅度与频率成正比变化的调幅—调频信号，然后使用包络检波器进行检波，还原出原调制信号。

图 7.19(a)所示是双失谐回路斜率鉴频器电路。该电路是由 3 个调谐回路组成的调频—调幅变换电路和上下对称的两个振幅检波器构成。电路的初级回路谐振于调频信号的中心频率 ω_c，其通带较宽。两个次级回路的谐振频率分别为 ω_1 和 ω_2，且 ω_1、ω_2 与 ω_c 成对称失谐即 $\omega_c - \omega_1 = \omega_2 - \omega_c$，这个差值必须大于调频信号的最大角频偏，以避免鉴频失真。图 7.19(b)所示是在输入信号作用下，回路两端产生的电压 $u_1(t)$、$u_2(t)$ 的幅频特性，U_{1m}、U_{2m} 分别为其幅值。由图可见，两条幅频特性曲线的形状相同，且与回路谐振曲线的形状相同。电路中的两个二极管包络检波器也应完全对称，$u_1(t)$ 与 $u_2(t)$ 分别经检波电路得到的输出电压为 $u_{o1}(t)$ 和 $u_{o2}(t)$，它们的频率特性如图 7.19(c)所示图中的虚线所示。总输出电压 $u_o(t) = u_{o1}(t) - u_{o2}(t)$，即 $u_o(t)$ 由 $u_{o1}(t)$ 和 $u_{o2}(t)$ 相叠加得到，当调频信号的频率为 ω_c 时，$u_{o1}(t)$ 和 $u_{o2}(t)$ 大小相等、极性相反，相互抵消，因此 $u_o(t) = 0$；当调频信号的

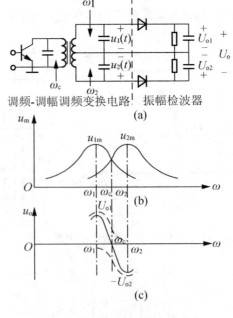

图 7.19 双失谐回路斜率鉴频器

频率小于 ω_c 时，$u_{o1}(t)$ 和 $u_{o2}(t)$ 相叠加的结果使 $u_o(t)$ 为正值，且在 ω_1 处达到最大；当调频信号的频率大于 ω_c 时，$u_{o1}(t)$ 和 $u_{o2}(t)$ 相叠加的结果使 $u_o(t)$ 为负值，且在 ω_2 处达到最小。双失谐回路鉴频器由于采用了平衡电路，上、下两个单失谐回路的鉴频器特性可相互补偿，使鉴频器的非线性失真减小，线性范围和鉴频灵敏度增大。但这种鉴频器的鉴频特性的线性范围和线性度与两个回路的谐振频率配置有关，不易调整。

2. 相位鉴频器

相位鉴频器如图 7.20 所示，由调频—调相变换电路和鉴相器构成。鉴频过程是将等

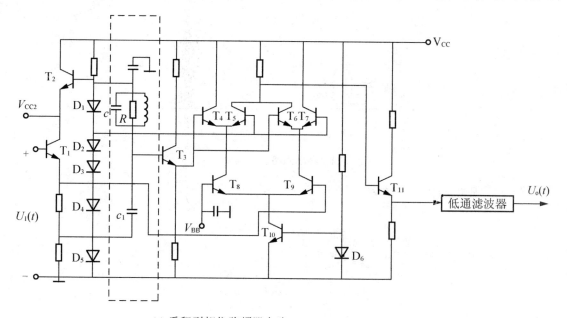

(a) 乘积型相位鉴频器电路

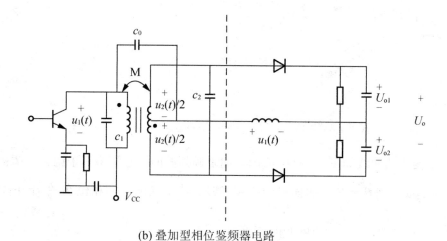

(b) 叠加型相位鉴频器电路

图 7.20　相位鉴频器

幅度调频信号经频率—相位线性变换网络转换为相位与瞬时频率成正比变化的调相—调频信号，通过鉴相器还原出原调制信号。其中鉴相器电路常采用乘积型和叠加型两种电路。采用乘积型鉴相器构成的鉴频器称为乘积型相位鉴频器；采用叠加型鉴相器构成的鉴频器称为叠加型相位鉴频器。

下面以乘积型相位鉴频器为例进行说明。

1) 调频-调相变换网络

乘积型相位鉴频器的频率—相位变换电路常采用 LC 谐振回路，其电路如图 7.21(a) 所示，是一个由电容 C_1 与 LC 谐振回路构成的分压电路。设输入电压为 $\dot{U}_1$，输出电压

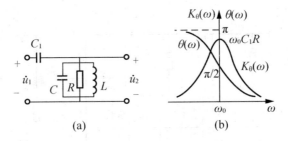

图 7.21 移相网络及其频率特性

为 $\dot{U}_2$，则电压传输系数为

$$K_\theta = \frac{\dot{U}_2}{\dot{U}_1} = \frac{\dfrac{1}{\dfrac{1}{R}+\mathrm{j}\omega C + \dfrac{1}{\mathrm{j}\omega L}}}{\dfrac{1}{\mathrm{j}\omega C_1} + \dfrac{1}{\dfrac{1}{R}+\mathrm{j}\omega C + \dfrac{1}{\mathrm{j}\omega L}}} = \frac{\mathrm{j}\omega C_1}{\dfrac{1}{R}+\mathrm{j}\omega(C+C_1)+\dfrac{1}{\mathrm{j}\omega L}} \qquad (7.3.12)$$

令

$$\omega_0 = \frac{1}{\sqrt{L(C+C_1)}}, \quad Q = \frac{R}{\omega_0 L}, \quad \xi = Q\left(\frac{\omega}{\omega_0} - \frac{\omega_0}{\omega}\right) \approx \frac{2(\omega-\omega_0)Q}{\omega_0}$$

代入式(7.3.12)整理得

$$K_\theta = \frac{\mathrm{j}\omega C_1 R}{1+\mathrm{j}\xi} = |K_\theta|\mathrm{e}^{\mathrm{j}\theta} \qquad (7.3.13)$$

式中

$$|K_\theta| = \frac{\omega_0 C_1 R}{\sqrt{1+\xi^2}}, \quad \theta = \frac{\pi}{2} - \arctan\xi$$

其中 $|K_\theta|$ 和 θ 随 ξ 变化的曲线如图 7.21(b) 所示。如果调频波的中心频率等于调频—调相变换网络的谐振频率 ω_0，则 $\theta = \dfrac{\pi}{2}$；而偏离中心频率时，该变换网络的相位在 $\dfrac{\pi}{2}$ 上下摆动，当 ω 变化较小，即 $\arctan\xi < \dfrac{\pi}{6}$ 时，$\tan\xi \approx \xi$，此时

$$\theta = \frac{\pi}{2} - \xi = \frac{\pi}{2} - \frac{2(\omega-\omega_0)Q}{\omega_0} \qquad (7.3.14)$$

对于输入的调频信号其瞬时频率为

$$\omega(t) = \omega_c + k_f u_\Omega(t) = \omega_c + \Delta\omega$$

因为要求调频—调相变换网络的谐振频率 $\omega_0 = \omega_c$，则式(7.3.14)整理为

$$\theta = \frac{\pi}{2} - \frac{2\Delta\omega Q}{\omega_c} = \frac{\pi}{2} - \frac{2Qk_f u_\Omega(t)}{\omega_c} \tag{7.3.15}$$

可见，调频波经调频—调相变换后的相位随调频波的瞬时频率变化，实现了调频—调相的变换。

上述经过调频—调相变换网络产生的调相调频波与原调频波一起输入鉴相器即可实现对调频信号的解调。

2) 乘积型相位鉴频器

原则上乘积型鉴相电路的 3 种方式均可应用。设输入的调频波为

$$u_1(t) = U_{1m}\cos(\omega_c t + m_f \sin\Omega t)$$

则调频波 $u_1(t)$ 经调频—调相变换网络后产生的调相调频波 $u_2(t)$ 为

$$u_2(t) = |K_\theta| U_{1m}\cos(\omega_c t + m_f \sin\Omega t + \theta)$$

假设 $u_1(t)$ 与 $u_2(t)$ 均为小信号，乘法器的输出信号为

$$\begin{aligned} u'_o(t) &= A_M u_1(t) u_2(t) = A_M |K_\theta| U_{1m}^2 \cos(\omega_c t + m_f \sin\Omega t + \theta)\cos(\omega_c t + m_f \sin\Omega t) \\ &= \frac{1}{2} A_M |K_\theta| U_{1m}^2 \cos\theta + \frac{1}{2} A_M |K_\theta| U_{1m}^2 \cos[2(\omega_c t + m_f \sin\Omega t) + \theta] \end{aligned}$$

$$\tag{7.3.16}$$

经低通滤波器滤波得到输出信号为

$$\begin{aligned} u_o(t) &= \frac{1}{2} A_M |K_\theta| U_{1m}^2 \cos\theta \\ &= \frac{1}{2} A_M |K_\theta| U_{1m}^2 \cos\left[\frac{\pi}{2} - \frac{2Qk_f u_\Omega(t)}{\omega_c}\right] \\ &= \frac{1}{2} A_M |K_\theta| U_{1m}^2 \sin\frac{2Qk_f u_\Omega(t)}{\omega_c} \end{aligned} \tag{7.3.17}$$

当 $\dfrac{2Qk_f u_\Omega(t)}{\omega_c} < \dfrac{\pi}{6}$ 时，

$$u_o(t) \approx \frac{1}{2} A_M |K_\theta| U_{1m}^2 \frac{2Qk_f}{\omega_c} u_\Omega(t) \tag{7.3.18}$$

可见这种鉴频器能实现线性解调，在集成电路中被广泛采用。

3. 脉冲计数式鉴频电路

调频信号瞬时频率的变化直接表现为单位时间内调频信号通过零值点的疏密变化如图 7.22 所示。

调频信号每个周期有两个过零点，由负变正的过零点称为"正过零点"，如 o_1、o_3；由正变负的过零点称为"负过零点"，如 o_2、o_4 等。若在调频信号的每一个正过零点或负过零点处由脉冲形成电路产生一个脉冲信号（也可即在正过零点又同时在负过零点形成脉冲

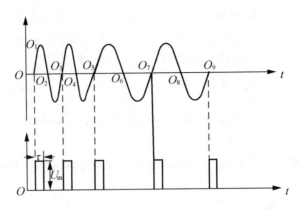

图 7.22 调频信号转换为单向矩形脉冲序列

信号)。由于调频信号的频率是随调制信号变化的，这样调制信号的信息就反映到所形成的脉冲信号上，把调频信号变换成为脉宽相同的调频脉冲序列。设输入调频信号的瞬时频率为

$$f(t) = f_c + \Delta f(t) \tag{7.3.19}$$

相应的周期为 $T(t) = \dfrac{1}{f(t)}$，调频脉冲序列 $u_m(t)$ 的脉宽为 τ，脉冲幅度为 U_m，则调频脉冲序列的平均分量为

$$u_{mAV} = \frac{U_m \tau}{T(t)} = U_m \tau [f_c + \Delta f(t)] \tag{7.3.20}$$

可见调频脉冲序列的平均分量与调频信号的频率成正比，通过低通滤波器可得到所需的解调电压，即

$$u_0(t) = k_L U_m \tau \Delta f(t) \tag{7.3.21}$$

其中：k_L 为低通滤波器在通带内的传输系数。

 小贴士

脉冲计数式鉴频器具有线性鉴频范围大、便于集成等优点，但它的工作频率受到最小脉宽的限制，多用于工作频率小于 10MHz 的场合。

7.4 数字信号的角度调制与解调

7.4.1 数字频率调制与解调

1. 数字频率调制

数字频率调制又称频移键控(FSK)，是用数字基带信号控制载波信号的频率，用不同

的载波频率代表数字信号的不同电平。二进制数字频移键控(2FSK)信号是用两个不同频率的载波来代表数字信号的两种电平。2FSK 信号的数学表达式为

$$u(t) = \left[\sum_n a_n g(t-nT_s)\right]\cos\omega_1 t + \left[\sum_n \bar{a}_n g(t-nT_s)\right]\cos\omega_2 t \quad (7.4.1)$$

其中：$g(t)$ 是持续时间为 T_s 的矩形脉冲。

$$a_n = \begin{cases} 1 & \text{概率为 } P \\ 0 & \text{概率为 } 1-P \end{cases}$$

$\bar{a}_n$ 是 a_n 的反码

$$\bar{a}_n = \begin{cases} 0 & \text{概率为 } P \\ 1 & \text{概率为 } 1-P \end{cases}$$

2FSK 信号的产生方法有两种：直接调频法和频率键控法。直接调频法是用数字信号直接控制载波振荡器的频率，前面介绍的模拟调频电路都可以用来产生 2FSK 信号，它具有电路简单和相位连续的优点，但频率稳定性较低。频率键控法如图 7.23 所示。

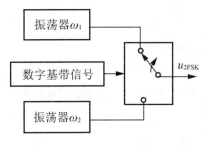

图 7.23　频率键控法框图

它由两个独立振荡器和数字基带信号控制转换开关组成。数字基带信号控制电子开关在两个独立振荡器之间进行转换，以输出对应的不同频率高频信号。这种方法频率稳定度高，转换速度快，但转换时相位不连续并伴有振幅的变化，使键控信号频谱展宽，且产生寄生调幅。

2. 数字调频信号的解调

2FSK 信号可采用非相干解调(包络检波法)和相干解调法(同步检波法)进行解调。

非相干解调如图 7.24(a)所示。等幅的 2FSK 信号经过两个窄带的分路带通滤波器变成上、下两路 ASK 信号：一路是载频为 ω_1 的 ASK 信号；另一路是载频为 ω_2 的 ASK 信号。经包络检波器分别取出它们的包络信号然后送给抽样判决器进行比较，从而判决输出数字基带信号。若用频率 ω_1 代表数字信号"1"经检波输出电压 u_1，用频率 ω_2 代表数字信号"0"经检波输出电压 u_2，则抽样判决器的判决准则是：$u_1 - u_2 > 0$ 判决为"1"，$u_1 - u_2 < 0$ 判决为"0"，其判决门限为 0 电平。相干解调法如图 7.24(b)所示。2FSK 信号经过两个窄带的分路带通滤波器转换成两路 ASK 信号，经同步检波后得到输出电压 u_1 和 u_2，通过抽样判决器进行判决，输出数字基带信号。

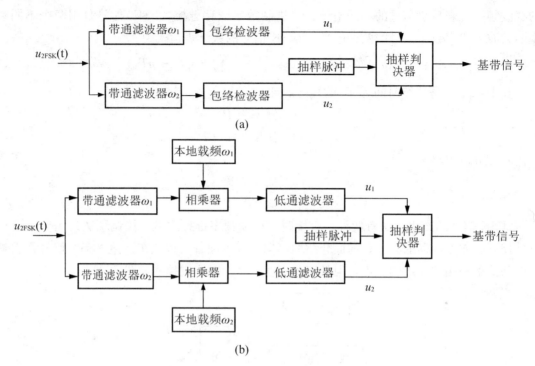

图 7.24 2FSK 信号的解调电路框图

7.4.2 数字相位调制与解调

数字相位调制又称为相位键控(PSK),是用数字基带信号控制载波的相位,使载波的相位发生跳变的调制方式。二进制相位键控(2PSK)用同一载波的两种相位来代表数字信号。数字调相分为绝对调相(CPSK)和相对调相(DPSK)。

1. 绝对调相(CPSK)

利用载波不同相位的绝对值来传递数字信号的相位调制称为绝对调相。二进制绝对调相用未调载波的相位作为基准,设码元取"1"时,已调载波的相位与未调制载波相位相同;码元取"0"时,已调载波的相位与未调制载波相位反相。数学表达式为

$$u_{2CPSK} = \begin{cases} A\sin(\omega_c t + \theta_0) & \text{为"1"码} \\ A\sin(\omega_c t + \theta_0 + \pi) & \text{为"0"码} \end{cases} \quad (7.4.2)$$

其中:θ_0 为载波的初相位。受控载波在 0、π 两个相位上变化,波形如图 7.25 所示。

2CPSK 信号可以看成是双极性基带信号乘以载波产生,即

$$u_{2CPSK} = s(t)A\sin(\omega_c t + \theta_0) \quad (7.4.3)$$

因此绝对调相信号可用直接调相法产生。图 7.26 所示是二极管环形调制器。

在 1、2 端输入载波信号 $A\sin(\omega_c t + \theta_0)$,5、6 端输入双极性基带信号 $s(t)$,3、4 端为

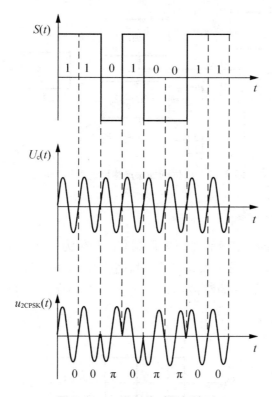

图 7.25 二进制绝对调相波形

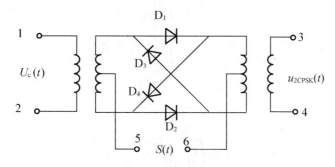

图 7.26 二极管直接调相电路

CPSK 信号输出端。当基带信号为正时，D_1、D_2 导通，D_3、D_4 截止，输出载波与输入载波同相。当基带信号为负时，D_1、D_2 截止，D_3、D_4 导通，输出载波与输入载波反相，从而实现了 CPSK 调制。图 7.27 所示为相位选择法产生绝对调相的电路。

振荡器产生的载波信号 $A\sin(\omega_c t+\theta_0)$ 一路送到控制门 1，另一路经反相器倒相后加到控制门 2 变为 $A\sin(\omega_c t+\theta_0+\pi)$，基带信号和它的倒相信号分别作为门 1 和门 2 的选通信号。基带信号为 1 时，门 1 选通输出载波 $A\sin(\omega_c t+\theta_0)$；基带信号为 0 时，门 2 选通输出载波 $A\sin(\omega_c t+\theta_0+\pi)$ 经相加器可得 2CPSK 信号。

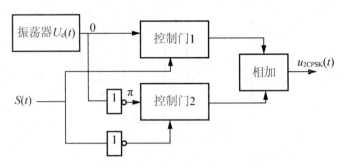

图 7.27 相位选择法产生绝对调相的电路

2. 相对调相(DPSK)

相对调相是各码元的载波相位不以未调制载波相位为基准，而是以相邻的前一个码元的载波相位为基准来确定。当码元为"0"时，它的载波相位取与前一个码元的载波相位相同；当码元为"1"时，它的载波相位取与前一个码元的载波相位差为 π，如图 7.28 所示。

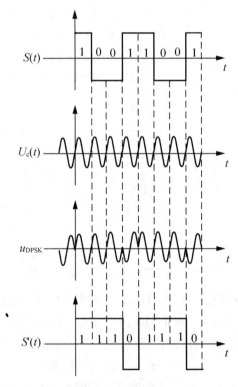

图 7.28 二进制相对调相波形

其中：$s'(t)$ 是基带信号 $s(t)$ 的相对码。用 $s'(t)$ 对载波进行绝对调相和用绝对码对载波进行相对调相输出的结果相同。因此可以采用先将绝对码变换成相对码后，再进行绝对调相来实现相对调相，原理框图如图 7.29(a)所示。

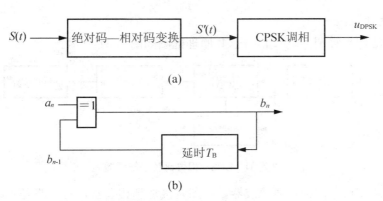

图 7.29　DPSK 信号的产生

图 7.29(b)是绝对码变换成相对码的原理图,是由异或门和延时一个码元宽度 T_B 的延时器组成,它完成的功能是 $b_n = a_n \oplus b_{n-1}$($n-1$ 表示 n 的前一个码),即将图 7.29(a)所示的绝对码基带信号 $s(t)$ 转换成图 7.29(b)所示的相对码基带信号 $s'(t)$。

3. 数字调相信号的解调

数字调相信号的解调方法有极性比较法和相位比较法两种。

1) 极性比较法

极性比较法即同步解调法,又称相干解调法,原理电路如图 7.30(a)所示。

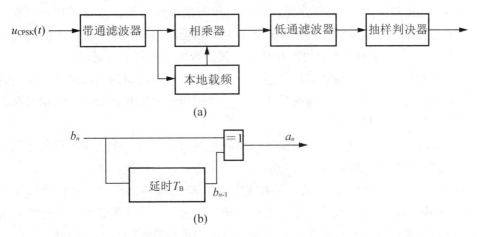

图 7.30　极性比较法原理框图

CPSK 信号经带通滤波后加到乘法器,与载波极性比较,因为 CPSK 信号的相位是以载波相位为基准的,可以经过低通滤波器和抽样判决器后还原数字基带信号。若输入 DPSK 信号解调后得到的是相对码,还需要经过相对码—绝对码变换器才能得到原数字基带信号。图 7.30(b)所示是相对码—绝对码变换电路,可以完成将相对码变换为绝对码的变换,即 $a_n = b_n \oplus b_{n-1}$。将该电路加在图 7.30(a)所示电路的抽样判决器之后,则构成 DPSK 信号极性比较法解调电路。

2) 相位为比较法

相位比较法用来解调 DPSK 信号，其原理框图如图 7.31 所示。

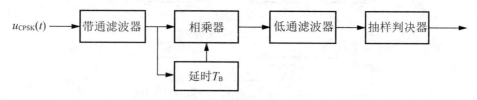

图 7.31 DPSK 相位比较法解调器

输入相对调相信号，经带通滤波器，一路直接加到相乘器，另一路经延时电路延时一个码元时间后也加到相乘器作为相干载波，经相乘后通过低通滤波器滤去高频信号，取出前后码元载波的相位差，相位差为 0 则对应 0，相位差为 π 则对应 1，再经抽样判决器便可直接解调出原绝对码基带信号。

本 章 小 结

1. 角度调制分为频率调制(FM)和相位调制(PM)，属于非线性调制。角度调制具有抗干扰能力强的特点但有效频谱带宽比调幅信号大得多，而且带宽与调制指数大小有关。

2. 产生调频信号的方法主要分为直接调频和间接调频两类。直接调频可以获得大的频偏，但中心频率的稳定度低；间接调频中心频率稳定度高，但难以获得大的频偏。

3. 调相实现方法分为 3 类：可变相移法、矢量合成法和可变时延法。

(1) 可变相移法调相是将载波信号通过一个受调制信号控制的相移网络来实现调相。

(2) 矢量合成法，又称为阿姆斯特朗法。是将调相波由相互正交的载波信号和抑制载波的双边带调幅波信号相叠加构成。

(3) 可变时延法调相是将晶体振荡器产生的载波信号通过一个受调制信号控制的时延网络，使得到的输出电压的附加相位与调制信号成正比，实现线性调相。

4. 调相波的解调称为相位检波，简称鉴相，相应的解调电路称为相位检波器或鉴相器；调频波的解调称为频率检波，简称鉴频，相应的解调电路称为频率检波器或鉴频器。

(1) 常用的鉴相器电路有乘积型鉴相器、叠加型鉴相器和门电路鉴相器。

(2) 常用的鉴频器有斜率鉴频器、相位鉴频器、脉冲计数式鉴频器。

5. 数字信号的调制可采用键控法实现。数字信号的解调与模拟信号的解调相比增加了"抽样判决"模块，使数字信号的接收性能得以提高，只要在抽样判决处能正确判别信号的状态即可得到与发射端相同的信号。

思考题与练习题

7.1 填空题

1. 调频与调相统称为_____。
2. 相位调制是使载波的_____按调制信号的变化规律而变化的一种调制方式。
3. 间接调频是先将调制信号进行_____，然后再进行_____。
4. 调频信号可以看成是瞬时相位按调制信号的_____规律变化的调相信号；调相信号可以看成是瞬时频率按调制信号的_____规律变化的调频信号。
5. 常用的鉴频器有_____、_____和_____等。
6. 调频过程是_____转换，调相过程是_____转换。
7. 变容二极管在工作时要加_____电压。
8. 鉴相器完成_____转换。
9. 三级单回路构成的变容二极管调相电路其 m_p 最大为_____。

7.2 某调频信号的数学表示式为 $u(t) = 6\cos(2\pi \times 10^8 t + 5\sin\pi \times 10^4 t)$ (V) 其调制信号为 $u_\Omega(t) = 2\cos\pi \times 10^4 t$ (V)。求：此调频波的载频、调制频率和调频指数；瞬时相位 $\theta(t)$ 和瞬时频率 $f(t)$ 的表示式；最大相移 $\Delta\theta_m$ 和最大频偏 Δf_m；有效频带宽度 BW_{CR}。

7.3 已知调角波的数学表示式为 $u(t) = 5\cos(2\pi \times 10^6 t + 10\sin 2\pi \times 500 t)$ (V) 调制信号的幅度 $u_{\Omega m} = 2.5$ V。求：该调角波的最大频偏 Δf_m、最大相移 $\Delta\theta_m$ 及频带宽度 BW_{CR}；该调角波在 100Ω 电阻上消耗的平均功率等于多少？

7.4 已知调制信号 $u_\Omega(t) = 8\cos 10^3 t$ (V) 载波信号 $u_c(t) = 5\cos 10^6 t$ (V) 调频的比例系数 $k_f = 10^3$ rad/(s·v)。试求：调频波的以下各量瞬时角频率 $\omega(t)$；瞬时相位 $\theta(t)$；最大频移 $\Delta\omega_m$；调制指数 m_f；调频波的数学表达式 $u_{FM}(t)$。

7.5 已知调制信号 $u_\Omega(t) = 6\cos 4\pi \times 10^3 t$ (V) 载波输出电压 $u_0(t) = 2\cos(2\pi \times 10^8 t)$ (V)、$k_p = 2$ rad/V。求：调相信号的调相指数 m_p、最大频偏 Δf_m、有效频谱带宽 BW_{CR} 和调相信号的表达式。

7.6 在某调频发射机中，调制信号的幅度为 $u_{\Omega m}$，调制信号的频率为 $F = 500$ Hz 产生调频波的最大频偏 $\Delta f_m = 50$ kHz。求：该调频波的最大相移 $\Delta\theta_m$ 及带宽 BW_{CR}；如果 F 不变而调制信号幅度减到 $u_{\Omega m}/5$，求：最大频偏 Δf_m；如果 $u_{\Omega m}$ 不变而 $F = 2.5$ kHz，求：此时的最大相移 $\Delta\theta_m$、最大频偏 Δf_m 及带宽 BW_{CR}。

7.7 已知载波信号频率 $f_c = 100$ MHz，载波电压振幅 $u_{cm} = 5$ V，调制信号 $u_\Omega(t) = \cos 2\pi \times 10^3 t + 2\cos 2\pi \times 500 t$ (V)，最大频偏 $\Delta f_{max} = 20$ kHz。试写出调频波的数学表达式。

7.8 图 7.32 所示电路是变容二极管调频电路。试画出简化的高频等效电路并说明各元件的作用。

7.9 现有几种矢量合成法调相器方框图，如图 7.33 所示。试画出输出信号矢量图，

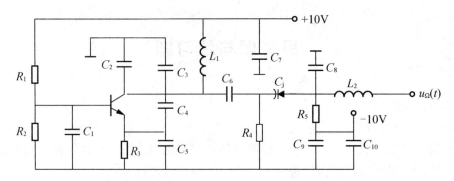

图 7.32 题 7.8 图

说明调相原理。

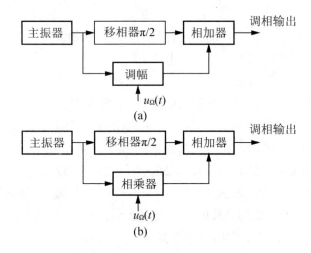

图 7.33 题 7.9 图

7.10 如图 7.34 所示为单回路变容二极管调相电路。调制信号为 $u_\Omega(t) = U_{\Omega m}\cos 2\pi Ft$，变容二极管的参数为 $\gamma = 2$，$u_B = 1\text{V}$，回路等效品质因数 $Q_e = 15$。求下列条件下的调相指数 m_p 和最大频偏 Δf_m：① $U_{\Omega m} = 1\text{V}, F = 500\text{Hz}$；② $U_{\Omega m} = 1\text{V}, F = 1000\text{Hz}$；③ $U_{\Omega m} = 0.5\text{V}, F = 500\text{Hz}$。

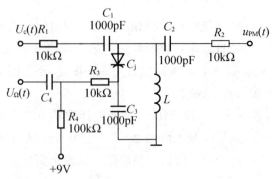

图 7.34 题 7.10 图

7.11 鉴频器输入调频信号 $u_{FM}(t) = 3\cos(2\pi \times 10^6 t + 16\sin 2\pi \times 10^3 t)$(V)，鉴频灵敏度 $S_D = 5\text{mV/kHz}$，线性鉴频范围 $2\Delta f_{max} = 50\text{kHz}$。试画出鉴频特性曲线及鉴频输出电压波形。

7.12 若某调频接收机限幅中放的输出电压为 $u_1(t) = 100\cos(2\pi \times 10^7 t + 5\sin 2\pi \times 10^3 t)$(mV)，所接鉴频电路的鉴频特性如图 7.35 所示，其中 $\Delta f = f - f_1$。求该调频信号的最大频偏 Δf_m；写出鉴频器的输出电压 $u_o(t)$ 表达式。

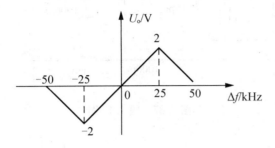

图 7.35 题 7.12 图

7.13 耦合回路相位鉴频器电路如图 7.36 所示，若输入信号 $u_s(t) = U_{sm}\cos(\omega_0 t + m_f \sin\Omega t)$，试定性绘出加在两个二极管上的高频电压 $\dot{U}_{D1}$ 和 $\dot{U}_{D2}$ 及输出电压 u_{o1}、u_{o2} 和 u_o 的波形。

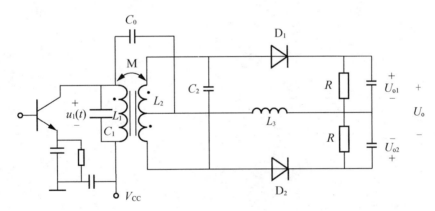

图 7.36 题 7.13 图

7.14 在耦合回路相位鉴频器电路中，如果发现下列情况时鉴频特性曲线将如何变化：①二次回路未调谐在中心频率 f_c 上(高于或低于 f_c)；②一次回路未调谐在中心频率 f_c 上(高于或低于 f_c)；③一、二次回路均调谐在中心频率 f_c 上而耦合系数 K 由小变大；④一、二次回路均调谐在中心频率 f_c 上而回路品质因数由小变大。

7.15 图 7.37 所示为变容二极管直接调频电路，试分别画出高频通路，变容管的直流通路并指出电感 L_1、L_2、L_3、L_4 的作用。

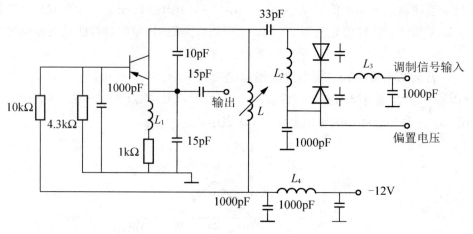

图 7.37 题 7.15 图

第 8 章

反馈控制电路

内容摘要

- 了解反馈控制电路的 3 种基本形式及工作原理。
- 掌握锁相环路的系统组成、电路模型、环路方程和工作原理。
- 了解环路跟踪特性的分析方法和结论。
- 了解集成锁相环路的电路原理及应用。

本章知识结构

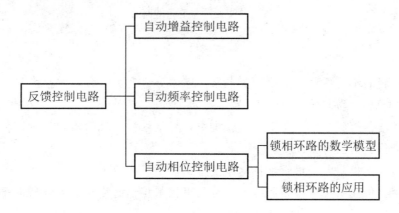

导入案例

1970年4月24日我国发射了第一颗人造卫星,如图8.1所示。把"东方红"的乐曲传遍全球。如今,卫星有着非常广泛的应用。许多交通不便、通信干线不到之处以及海上、空中、灾区等地,卫星通信便显出其优越性。卫星电视广播的应用,不仅丰富了人们的文化生活,而且为教育事业做出了重要贡献,以我国开通的卫星电视教育频道为例,已有5 000多个卫星电视教育接收台,接受各种教育人数达2 000万以上。高精度的卫星导航定位为提高交通运输效率及安全保障做出了重要贡献。卫星能有如此出色的表现,卫星上的自动控制电路起到了至关重要的作用。

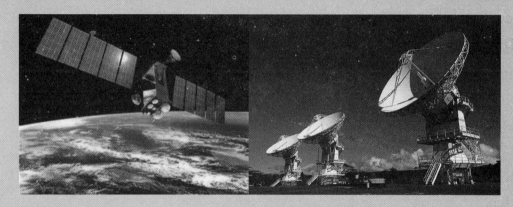

图8.1 卫星与卫星地面站

根据所控制的不同参量,反馈控制电路可基本分为3类:自动增益控制(AGC)、自动频率控制(AFC)和自动相位控制(APC)。

(1) 自动增益控制电路主要用于接收机中,用于维持整机输出的恒定,使得输出电压信号不受外来信号的强弱而改变。

(2) 自动频率控制电路用于维持电子设备工作频率的稳定。

(3) 自动相位控制又称锁相环路,通常利用控制相位的稳定达到维持电子设备工作频率稳定的目的。

8.1 概　　述

为了提高通信、电子设备的稳定性或实现某些特定的要求,广泛采用各种类型的反馈控制电路。根据所控制的不同参量,反馈控制电路可基本分为3类:自动增益控制(AGC)、自动频率控制(AFC)和自动相位控制(APC)。不管哪种反馈控制电路,都是由比较部件和执行元件组成,其方框图如图8.2所示。

第8章 反馈控制电路

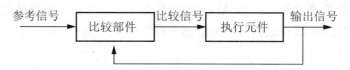

图 8.2　反馈控制电路原理框图

图 8.2 中反馈控制电路的输出信号和参考信号一起送到比较部件中进行比较,并产生一个比较信号,利用比较信号去控制执行元件中的某个参量,使其与参考信号中的某个参量接近或者相等。自动增益控制也称为自动振幅控制,主要是用来控制执行元件中的电压或电流使输出信号的幅度保持恒定,图 8.3 所示是自动增益控制电路的组成方框图。

图 8.3　自动增益控制电路方框图

其中可控增益放大器作为执行元件,其输入量 u_i 与输出量 u_o 的关系是 $u_o = A_2 u_i$。式中 A_2 是受控制信号 u_c 控制的放大器放大倍数。当输入电压 u_i 增大时,使输出电压 u_o 增大,通过反馈网络得到反馈电压 u_F。反馈电压与参考电压相比较后产生控制电压,控制可控增益放大器的增益使之减小,从而使输出电压幅度减小。当输入电压 u_i 减小时,比较部件产生的控制电压将使可控增益放大器的增益提高,使输出电压的幅度增大。不论输入信号增大还是减小,由于 AGC 电路的作用,使输出信号幅度保持恒定或变化范围很小。自动频率控制也称为自动频率微调,是用来控制执行元件中的频率,使工作频率维持稳定,其控制电路原理框图如图 8.4 所示。

图 8.4　自动频率控制电路原理框图

它是由鉴频器,低通滤波器和压控振荡器组成,其中 f_s 为标准频率,f_0 为输出信号频率。图中压控振荡器的输出频率 f_0 与标准频率 f_s 在鉴频器中进行比较,当 $f_0 = f_s$ 时,鉴频器无输出,压控振荡器不受影响;当 $f_0 \neq f_s$ 时,鉴频器有大小正比于 $f_0 - f_s$ 的误差电压输出,经低通滤波器后产生控制电压 u_c,控制压控振荡器的输出频率 f_0 向标准频率 f_s 接近。这一过程不断循环,使误差频率逐步减小到某一最小值 Δf_{min},称为剩余频率误差,简称剩余频差,其大小取决于鉴频器和压控振荡器的特性,剩余频差 Δf_{min} 越小越好。压控振荡器在剩余频差通过鉴频器产生的控制电压的作用下,其振荡频率保持在 $f_s + \Delta f_{min}$ 上,环路进入锁定状态,自动微调过程停止。由于自动频率微调过程是利用误差信号的反馈作用来控制压控振荡器的振荡频率,而误差信号是由鉴频器产生的,当达到锁定状态时,两个频率不能完全相等,这是 AFC 电路的缺点。自动相位控制是控制执行元件中的相位,使相位锁定,所以自动相位控制电路也称为锁相环路(PLL),是一种应用广泛的反馈控制电路。

图 8.5 所示是自动相位控制的组成方框图。它是由鉴相器、环路滤波器和压控振荡器组成。其中鉴相器为比较部件,用于检测两个输入信号之间的相位误差,输出反映相位误差的电压 u_D;压控振荡器是执行元件,其受控于环路滤波器输出的控制电压 u_c。由 u_c 控制压控振荡器的振荡频率 ω_0 来调整输出信号相位,最终使输入、输出两个信号的相位保持恒定。本章将重点介绍自动相位控制电路。

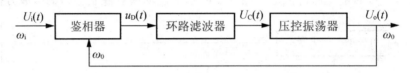

图 8.5 自动相位控制电路方框图

8.2 自动相位控制电路

8.2.1 锁相环路的数学模型

1. 鉴相器(PD)

在锁相环路中,鉴相器的两个输入信号电压分别是环路的输入信号电压 $u_i(t)$ 和压控振荡器输出电压 $u_o(t)$。设压控振荡器输出电压为

$$u_o(t) = U_{om}\cos[\omega_R t + \theta_o(t)] \tag{8.2.1}$$

其中:ω_R 是压控振荡器未加控制电压时的固有角频率;$\theta_o(t)$ 是以 $\omega_R t$ 为参考的瞬时相位。环路输入电压为

$$u_i(t) = U_{im}\sin(\omega_i t + \theta_i(t)) \tag{8.2.2}$$

其中:$\theta_i(t)$ 是以 $\omega_i t$ 为参考的瞬时相位。一般情况下,两个信号的频率是不同的,因而对应的参考相位也不同。若要对两个信号的瞬时相位进行比较则需要在同一频率上进行。因此规定统一以压控振荡器的固有角频率 ω_R 确定的相位 $\omega_R t$ 为参考相位,则将输入信号 $u_i(t)$ 的相位改写为

$$\omega_i t + \theta_i(t) = \omega_R t + (\omega_i - \omega_R)t + \theta_i(t) = \omega_R t + \theta'_i(t) \tag{8.2.3}$$

代入 $u_i(t)$ 的表达式中

$$u_i(t) = U_{im}\sin(\omega_R t + \theta'_i(t)) \tag{8.2.4}$$

可知 $u_i(t)$ 和 $u_o(t)$ 的瞬时相位差为

$$\theta_e(t) = \theta'_i(t) - \theta_o(t) \tag{8.2.5}$$

鉴相器电路可采用乘积型鉴相器电路和叠加型鉴相器电路,鉴相特性可表示为

$$u_D(t) = A_d \sin[\theta_e(t)] \qquad (8.2.6)$$

其中:A_d 为鉴相器最大输出电压。则可做出鉴相器的数学模型如图 8.6 所示。

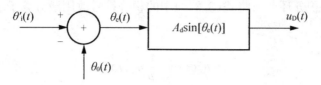

图 8.6 鉴相器的数学模型

🔍 **小贴士**

数学模型与原理方框图的区别是数学模型的处理对象不是原信号本身。

2. 压控振荡器(VCO)

压控振荡器是电压—频率变换器,它的输出信号频率 ω_v 随输入控制电压 $u_c(t)$ 进行变化。这一特性可用瞬时频率 $\omega_v(t)$ 和控制电压 $u_c(t)$ 的关系曲线来表示,如图 8.7 所示。

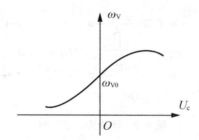

图 8.7 压控振荡器调频特性

在一定范围内 ω_v 与 $u_c(t)$ 可近似认为是线性关系,即

$$\omega_v(t) = \omega_R + A_0 u_c(t) \qquad (8.2.7)$$

🔍 **小贴士**

A_0 是压控振荡器调频特性直线部分的斜率称为压控灵敏度,表示单位控制电压所能产生的压控振荡器角频率变化的大小。单位为 $\dfrac{\text{rad}}{\text{s} \cdot \text{V}}$。

压控振荡器的输出作用于鉴相器上,由鉴相器的特性可知,对鉴相器输出的误差电压 $u_D(t)$ 起作用的是压控振荡器输出的瞬时相位。则对表达式(8.2.7)进行积分得

$$\theta(t) = \int_0^t \omega_v(t) \, dt = \omega_R + A_0 \int_0^t u_c(t) \, dt \qquad (8.2.8)$$

与式(8.2.1)相比较可知,以 $\omega_R t$ 为参考的瞬时相位为

$$\theta_0(t) = A_0 \int_0^t u_c(t)\,dt \qquad (8.2.9)$$

即 $\theta_0(t)$ 正比于控制电压 $u_c(t)$ 的积分，所以压控振荡器是一个理想的积分器，在锁相环路中的作用是积分环节。将式(8.2.9)中的积分符号改用微分算子 $p = \dfrac{d}{dt}$ 的倒数来表示，则式(8.2.9)可表示为

$$\theta_0(t) = \frac{A_0}{p} u_c(t) \qquad (8.2.10)$$

由此可得到压控振荡器的数学模型如图8.8所示。

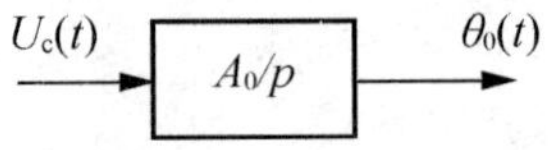

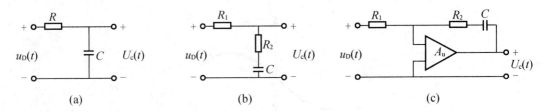

图8.8 压控振荡器的数学模型

3. 环路滤波器

环路滤波器电路如图8.9所示。环路滤波器是线性低通滤波器，在锁相环路中常用的环路滤波器有RC滤波器、RC比例积分滤波器和有源比例积分滤波器。

图8.9 环路滤波器电路

1) RC滤波器

常用的RC滤波器如图8.9(a)所示，是一阶RC低通滤波器。其传递函数为

$$A_F(j\omega) = \frac{u_c(j\omega)}{u_D(j\omega)} = \frac{1/j\omega C}{R + 1/j\omega C} = \frac{1}{1 + j\omega RC} \qquad (8.2.11)$$

若用 s 代替 $j\omega$，$\tau = RC$，则式(8.2.11)可变为

$$A_F(s) = \frac{u_c(s)}{u_D(s)} = \frac{1/sC}{R + 1/sC} = \frac{1}{1 + s\tau} \qquad (8.2.12)$$

2) RC比例积分滤波器

如图8.9(b)所示为RC比例积分滤波器，其传递函数为

$$A_F(j\omega) = \frac{u_c(j\omega)}{u_D(j\omega)} = \frac{R_2 + 1/j\omega C}{R_1 + R_2 + 1/j\omega C} = \frac{1 + j\omega R_2 C}{1 + j\omega (R_1 + R_2)C} \qquad (8.2.13)$$

若用 s 代替 $j\omega$，$\tau_1 = R_1 C$，$\tau_2 = R_2 C$，则式(8.2.13)可变为

$$A_F(s) = \frac{u_c(s)}{u_D(s)} = \frac{R_2 + 1/sC}{R_1 + R_2 + 1/sC} = \frac{1 + s\tau_2}{1 + s(\tau_1 + \tau_2)} \qquad (8.2.14)$$

当 ω 很高时式(8.2.14)近似为

$$A_F(j\omega) \approx \frac{R_2 C}{(R_1+R_2)C} = \frac{\tau_2}{\tau_1+\tau_2} \qquad (8.2.15)$$

滤波器的传递函数近似成比例特性。

3) 有源比例积分滤波器

有源比例积分滤波器如图 8.9(c)所示。设运算放大器为理想运放,则传递函数为

$$A_F(j\omega) = \frac{u_c(j\omega)}{u_D(j\omega)} = -\frac{R_2+1/j\omega C}{R_1} = -\frac{j\omega R_2 C+1}{j\omega R_1 C} \qquad (8.2.16)$$

若用 s 代替 $j\omega$,$\tau_1 = R_1 C$,$\tau_2 = R_2 C$,则传递函数变为

$$A_F(s) = \frac{u_c(s)}{u_D(s)} = -\frac{R_2+1/sC}{R_1} = -\frac{1+s\tau_2}{s\tau_1} \qquad (8.2.17)$$

通过上述分析,环路滤波器输出电压表示为

$$u_c(s) = A_F(s) u_D(s) \qquad (8.2.18)$$

将式(8.2.18)中的复频率 s 改为微分算子 p,可得 $u_c(t)$ 与 $u_D(t)$ 之间的微分方程

$$u_c(t) = A_F(p) u_D(t) \qquad (8.2.19)$$

从而得到环路滤波器的数学模型如图 8.10 所示。

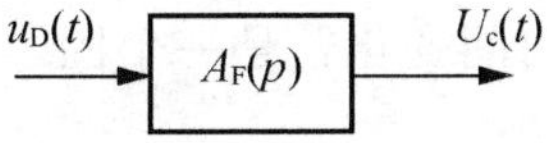

图 8.10 环路滤波器数学模型

将上述内容即鉴相器、环路滤波器和压控振荡器的数学模型连接起来即为锁相环路的数学模型,如图 8.11 所示。

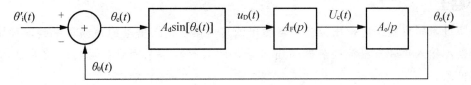

图 8.11 锁相环路数学模型

由图可得锁相环路的基本方程为

$$\theta_e(t) = \theta_i(t) - \theta_o(t) = \theta_i(t) - A_D \sin[\theta_e(t)] A_F(p) \frac{A_0}{p} \qquad (8.2.20)$$

将式(8.2.20)两边对时间 t 求导,因为微分算子 $p = \frac{d}{dt}$,可得频率动态平衡关系

$$p\theta_e(t) = p\theta_i(t) - A_0 A_D A_F(p) \sin[\theta_e(t)] \qquad (8.2.21)$$

移项得

$$p\theta_i(t) = p\theta_e(t) + A_0 A_D A_F(p) \sin[\theta_e(t)] \qquad (8.2.22)$$

其中

$$p\theta_e(t) = \frac{d\theta_e(t)}{dt} = \Delta\omega_e(t) = \omega_i - \omega_0 \qquad (8.2.23)$$

称为瞬时角频差,表示压控振荡器角频率 ω_0 偏离输入信号角频率 ω_i 的数值。

$$A_0 A_D A_F(p)\sin[\theta_e(t)] = \Delta\omega_0(t) = \omega_0 - \omega_R \qquad (8.2.24)$$

称为控制角频差,表示压控振荡器在控制电压 $u_c(t)$ 的作用下产生的角频率 ω_0 偏离未加控制电压时产生的角频率 ω_R 的数值。

$$p\theta_i(t) = \frac{d\theta_i(t)}{dt} = \Delta\omega_i(t) = \omega_i - \omega_R \qquad (8.2.25)$$

称为输入固有角频差,表示输入信号角频率 ω_i 偏离 ω_R 的数值。由此可见锁相环路闭合后的任何时刻,瞬时角频差 $\Delta\omega_e(t)$ 与控制角频差 $\Delta\omega_0(t)$ 之和等于输入固有角频差 $\Delta\omega_i(t)$,即

$$\Delta\omega_i(t) = \Delta\omega_e(t) + \Delta\omega_0(t) \qquad (8.2.26)$$

当在输入信号 $u_i(t)$ 的角频率和相位不变的条件下,输入固有角频差 $\Delta\omega_i$ 为一固定值,由环路方程式可解出环路闭合后瞬时相位差 $\theta_e(t)$ 随时间变化的规律。在环路刚闭合的瞬间,因为控制电压为零,无控制角频差,此时可认为环路的瞬时角频差就是输入固有角频差。随着时间 t 的增加,回路产生了控制电压,在控制电压作用下会产生控制角频差。若通过环路的作用,能使控制角频差逐渐加大,则由表达式(8.2.26)可知环路瞬时角频差将逐渐减小,当控制角频差增大到等于输入固有角频差时,瞬时角频差为零,即 $\lim_{t\to\infty} p\theta_e(t) = 0$,这时 $\theta_e(t)$ 不再随时间变化,是一个固定的值。这时鉴相器的输出电压为直流信号,即

$$u_D(t) = A_D \sin\theta_{e\infty} \qquad (8.2.27)$$

若能一直保持这种状态,则认为锁相环路进入锁定状态。

小贴士

回路进入锁定状态时,压控振荡器输出的角频率与输入信号的角频率一致,环路没有剩余频差,输入信号与压控振荡器输出信号之间只存在一个固定的稳态相位差 $\theta_{e\infty}$,称为剩余相位差。

当输入信号的频率和相位不断变化时,通过环路的作用,在一定范围内使压控振荡器输出的角频率和相位不断随输入信号的角频率和相位变化,这一过程称为跟踪状态。

环路的锁定状态是对频率和相位固定的输入信号而言的,跟踪状态是对频率和相位变化的输入信号而言的。若环路不处于锁定状态或跟踪状态则处于失锁状态。如果环路初始状态是失锁的,通过自身的调节,使压控振荡器频率逐渐向输入信号频率靠近,达到一定程度后环路进入锁定状态,这种由失锁进入锁定状态的过程称为捕捉过程。

8.2.2 锁相环路的应用

1. 锁相倍频器

锁相环路有良好的跟踪特性和滤波特性,适用于输入信号频率在较大范围内漂移,并

同时伴随着有噪声的情况，可得到高纯度的频率输出。锁相倍频电路的组成方框图如图 8.12 所示。

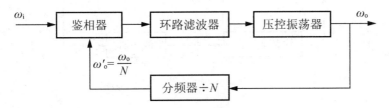

图 8.12　锁相倍频电路组成方框图

根据锁相原理，当环路锁定后，鉴相器的输入信号角频率 $\omega_i(t)$ 与压控振荡器输出信号角频率 $\omega_o(t)$ 经分频器反馈到鉴相器的信号角频率相等，即

$$\omega_i(t) = \frac{\omega_o(t)}{N} \tag{8.2.28}$$

因此

$$\omega_o(t) = N\omega_i(t) \tag{8.2.29}$$

实现了倍频，倍频次数等于分频器的分频次数。

2. 锁相分频器

锁相分频器在原理上与锁相倍频器相似，组成方框图如图 8.13 所示。

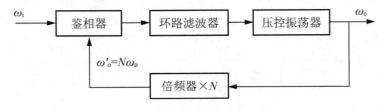

图 8.13　锁相分频器组成方框图

根据锁相原理，当回路锁定时，鉴相器的输入信号角频率 $\omega_i(t)$ 与压控振荡器经倍频后反馈到鉴相器的信号角频率相等，即

$$N\omega_o(t) = \omega_i(t) \tag{8.2.30}$$

或

$$\omega_o(t) = \frac{\omega_i(t)}{N} \tag{8.2.31}$$

3. 锁相混频器

锁相混频器的组成框图如图 8.14 所示。

输入混频器的输入信号角频率为 $\omega_s(t)$，输入混频器的本振信号为压控振荡器的输出信号，角频率为 $\omega_o(t)$。根据锁相环路锁定后无剩余频差的特性可得

$$\omega_i(t) = |\omega_o(t) - \omega_s(t)| \tag{8.2.32}$$

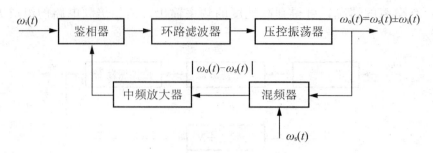

图 8.14 锁相混频器的组成框图

当 $\omega_o(t) > \omega_s(t)$ 时

$$\omega_o(t) = \omega_i(t) + \omega_s(t) \qquad (8.2.33)$$

当 $\omega_o(t) < \omega_s(t)$ 时

$$\omega_o(t) = \omega_s(t) - \omega_i(t) \qquad (8.2.34)$$

压控振荡器输出信号频率是和频还是差频由 $\omega_o(t) > \omega_s(t)$ 或 $\omega_o(t) < \omega_s(t)$ 来决定。

4. 锁相频率合成器

图 8.15 所示是锁相频率合成器原理框图。

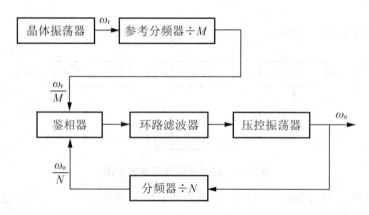

图 8.15 锁相频率合成器原理框图

压控振荡器的输出信号通过程序分频器进行 N 次分频后再送给鉴相器与参考输入信号进行比较，当环路锁定时

$$\frac{\omega_r(t)}{M} = \frac{\omega_o(t)}{N} \qquad (8.2.35)$$

压控振荡器的输出信号频率为

$$\omega_o(t) = \frac{N}{M}\omega_r(t) \qquad (8.2.36)$$

5. 锁相调频和鉴频

用锁相环路调频可产生中心频率高度稳定的调频信号，原理框图如图 8.16(a)所示。

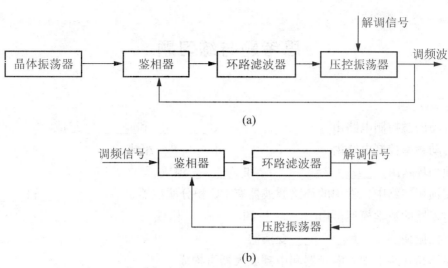

图 8.16　锁相调频和鉴频原理方框图

调制时，调制信号的频率要处于低通滤波器的通频带之外并且调制指数不能太大，调制信号不能通过滤波器，对环路无影响。锁相环路对载波频率的变化起调整作用，使载波频率的稳定度高。调制信号使压控振荡器频率受调制产生调频波。

锁相鉴频电路组成的方框图如图 8.16(b)所示。调频信号输入给鉴相器，解调信号从环路滤波器取出。鉴频的实现条件是环路滤波器的通频带必须足够宽，使鉴相器的输出电压能顺利通过。压控振荡器在环路滤波器输出电压的控制下，输出信号频率将跟踪输入信号频率的变化。而环路滤波器的输出电压则是调频信号解调出的调制信号。

本 章 小 结

1. 反馈控制系统实质是一个负反馈系统，系统的环路增益越高被控参数的值越接近于基准量。自动增益控制电路用来稳定输出电压或电流的幅度；自动频率控制电路用来维持工作频率的稳定；自动相位控制电路用来实现两个信号相位的同步。

2. 自动相位控制系统即锁相环路由鉴相器、环路滤波器、压控振荡器等组成，是利用相位的调节消除频率误差的自动控制系统。当环路锁定时，输出信号与输入信号频率相等，相位存在一个恒定的误差。

3. 锁相频率合成器由基准频率产生器和锁相环路组成。基准频率产生器可提供稳定度和准确度很高的参考频率；锁相环路利用其良好的窄带跟踪特性使输出频率保持在参考频率的稳定度。

思考题与练习题

8.1 填空题

1. 自动增益控制电路由_____、_____、_____和_____组成。
2. 自动频率控制电路由_____、_____和_____组成。
3. 锁相环路由_____、_____和_____组成。
4. 在锁相环路中，常用的环路滤波器有 RC 积分滤波器、_____和_____。
5. 鉴相器的数学模型可由_____和_____构成。
6. 压控振荡器是一种_____变换器。
7. 在锁相环路上加入混频器和中频放大器可构成_____。
8. 控制参量为频率，达到稳定状态时有剩余频差存在的电路是_____。

8.2 有哪几类反馈控制电路？每一类反馈控制电路控制的参数是什么？要达到的目的是什么？

8.3 PLL 的主要性能指标有哪些其物理意义？

8.4 已知一阶锁相环路鉴相器的 $u_d = 0.63\text{V}$，压控振荡器的 $K_0 = 20\text{kHz/V}$，$f_0 = 2.5\text{MHz}$，在输入载波信号作用下环路锁定控制频差等于 10kHz，则输入信号的频率为多大，稳定相差 $\theta_0(\infty)$ 多大。

8.5 已知一阶锁相环路鉴相器的 $u_d = 2\text{V}$，压控振荡器的 $K_0 = 15\text{kHz/V}$，$f_0 = 2\text{MHz}$。当输入频率分别为 1.98MHz 和 2.04MHz 的载波信号时，环路能否锁定，稳定相差多大？

8.6 锁相直接调频电路组成如图 8.17 所示，由于锁相环路为无频差的自动控制系统具有精确的频率跟踪特性，故它有很高的中心频率稳定度试分析该电路的工作原理。

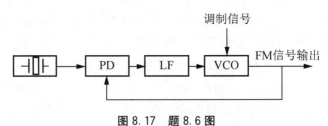

图 8.17 题 8.6 图

8.7 频率合成器框图如图 8.18 所示，$N = 760 \sim 960$，试求输出频率范围和频率间隔。

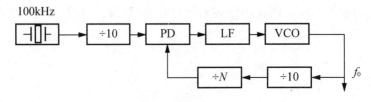

图 8.18 题 8.7 图

8.8 频率合成器框图如图 8.19 所示，$N = 200 \sim 300$，试求输出频率范围和频率间隔。

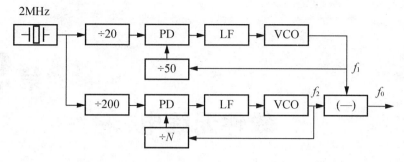

图 8.19 题 8.8 图

8.9 三环频率合成器如图 8.20 所示。取 $f_r = 100\text{kHz}$，$N_1 = 10 \sim 109$，$N_2 = 2 \sim 20$，求输出频率范围和频率间隔。

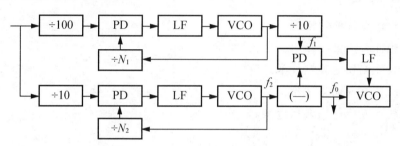

图 8.20 题 8.9 图

第 9 章

软件无线电

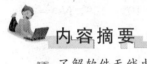

内容摘要

- ☞ 了解软件无线电的概念。
- ☞ 了解软件无线电的应用。
- ☞ 了解软件无线电关键技术。
- ☞ 理解软件无线电系统结构。
- ☞ 理解软件无线电的实现方案。

本章知识结构

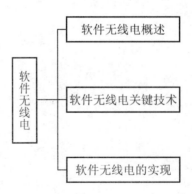

第9章 软件无线电

■ 导入案例

案例一

美军在对伊拉克的战争中,由于沙漠气候的影响,美军各种通信设备的不兼容性频发。同时美国与其盟友之间的通信也受到了很大的干扰。为了解决这个问题,不得不借助额外的无线电台,多个电台互译才能保障有效的通信联络。为了解决互通性的问题,各国积极探索,提出研制一种多频段电台解决互通问题的方案。但是,其高昂的费用使这种设想的应用并没有实现,图9.1为美军所用的背负式 PRC-117 电台,图9.2为美军对伊拉克战争中的某个通信节点。

图 9.1 PRC-117 背负式电台

图 9.2 美军对伊战争中通信节点

案例二

每一次的通信技术革命都伴随着大量的技术革新,从最初的无线电到有线电话、移动电话模拟网("大哥大"专用)、2G 网络、3G 网络以及未来的 4G 网络,随着技术革新,大量的硬件需要更换,这增加了企业成本和资源的浪费。

案例三

我国现在移动网络以 3G 为主，主要支持 3 种标准：WCDMA、CDMA2000、TD—SCDMA。那么这 3 种标准对应的通信设备是如何连接的？支持多种模式的手机，例如双卡手机（如图 9.3 所示）是否需要多套硬件支持，这需要应用到软件无线电技术来解决。

图 9.3 双卡手机

引言

软件无线电是一种无线电广播通信技术，被广泛应用于商业、气象、军事、民用等领域，例如目前广泛使用的 3G、4G 通信技术的核心都是软件无线电。

9.1 软件无线电概述

1. 电磁场与电磁波

电磁场是由带电物体产生的物理场，电磁场充斥于空间各处。位于电磁场中的带电体根据力学原理会受到电磁场的力的作用。这种相互作用可以用麦克斯韦方程来描述，地球本身就是一个巨大的电磁场，中国四大发明中的指南针就是应用了地球本身的电磁场效应。

1864 年，英国科学家麦克斯韦在奥斯特、安培、法拉第等人研究电磁现象的基础上，建立了完整的电磁波理论。1887 年德国物理学家赫兹用实验证实了电磁波的存在，奠定了电磁场与电磁波的理论与实验基础。

电磁场是电场和磁场的统一叫法。电场随着时间变化会产生磁场，同样磁场也会产生电场，两者互为正反，最终形成电磁场。电磁场分为静态电磁场和时变电磁场。电磁场以电磁波的形式以光速向四周传播，电磁场是一种场域，具有能量，是物质形态的一种形式。

电磁波是横波，磁场、电场和电磁波传播方向三者相互垂直。电磁波的传播方式多种多样，传播速度为光速。电磁波是波的一种，与波具有同样的特性，当电磁波传输通过不同介质时，同样会发生折射、反射、散射及吸收等，同样电磁波传输过程中也会出现能量损失。

2. 无线电通信

电磁场与电磁波的理论推动了无线电通信的发展，利用无线电波传输信息的通信方式即称为无线电通信。无线通信与有线通信相比，不需架设通信线路，不受通信距离和场所限制，具有较大的发展空间。

无线通信按照工作频段或传输手段分为中波通信、短波通信、超短波通信、微波通信和卫星通信；按照通信方式分为双工、半双工和单工方式，如图9.4所示；按照调制方式分为调幅、调频、调相以及混合调制等；按照传送的消息类型分为模拟通信和数字通信；现在流行的蓝牙、WiFi通信方式也是短距离的无线通信。除此以外军事上应用的雷达，民用上的电视（不是城市中的有线电视）节目的接收，广播等都是无线通信的应用。

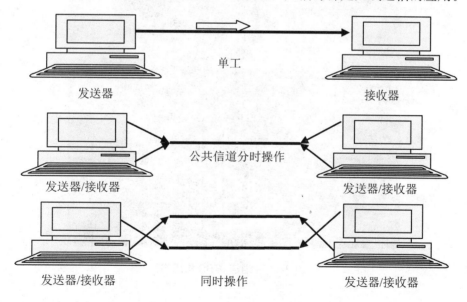

图9.4 单工、半双工、双工通信

3. 软件无线电

无线通信在现代通信中占据着极其重要的位置，被广泛应用于商业、气象、军事、民用等领域。然而，传统的基于硬件的无线电设备受环境影响较大。尤其在野外作业，在恶劣气候下，无线电无法保证工作，同时各国电台由于频段的不同，终端的不同，互通互联极为不便。

1991年Joseph Mitola提出软件无线电概念,并得到广泛认可。软件无线电,英文缩写SDR,定义为采用软件来实现同一无线电通信系统完成不同功能的技术。1994年美国PHASE I开发完毕,1995年欧洲电信标准协会推荐SDR作为通用移动通信系统,IEEE通信杂志出SR专题。1996年美国FAA要求研究使用SDR,组建SDR标准化组织模块化多功能传输系统论坛。1997年由MMITS主持第一次SDR专题研讨会,1999年美国完成PHASE II的开发,2001年开始IMT-2000业务。美军在此基础上进行了开发易通话系统(MBMMR)验证软件无线电技术。

为了实现三军联合作战需要,美军又开发出了联合战术无线电系统JTRS,JTRS是美军在MBMMR的基础上提出的一种战术通信系统。系统构成的基础是基于MBMMR的战术无线电台(JTR),4通道JTRS构想图如图9.5所示。JTR战术无线电在军事领域上获得了巨大的成功,军事上的成功使软件无线电在民用领域上得到了快速推广。当前的3G、4G通信技术大量采用了软件无线电的技术。

图9.5 4通道JTRS构想图

9.2 软件无线电的关键技术

软件无线电,可以通俗理解为软件定义的无线电(Software Defined Radio,SDR)是一种无线电广播通信技术。它基于软件定义的无线通信协议,而不是通过硬件连接实现地。即通信频带、通信接口协议和通信功能通过软件描述实现,同时可通过软件更新来升级,而不需要更换通信系统所有硬件升级。软件无线电同时还是一种系统解决方案,它为构建多种模式、多频段无线通信提供有效而安全的解决方案。

SDR 通过配置不同的波形和通信协议,包括调制、解调技术、数据格式、加密模式等实现动态可调的无线通信。保证了通信的兼容性和安全性。软件无线电系统结构图如图 9.6 所示。

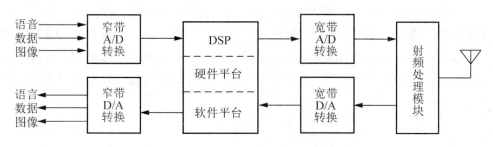

图 9.6　软件无线电系统结构

软件无线电系统由窄带 A/D 转换、数字信号处理平台、宽带 A/D 转换以及射频处理模块组成。语音(数据、图像)信号经窄带模数转换器变为数字信号,经数字信号处理平台实现调制、解调、数据格式定义等操作,再由宽带模数转换器将数字信号转换为模拟信号,通过射频处理模块,经天线发射出去。

软件无线电的特点是体系结构的开放性和全面可编程性,通过对数字处理平台软件的更新和改变无线电硬件系统的配置,实现无线通信。软件无线电技术具有以下特点。

(1) 全面数字化:软件无线电设计的基本思想是无线通信的兼容性,数字化的处理方式是系统设计的基本要求。软件无线电通信系统的基带信号、中频信号、射频段信号全面数字化处理。

(2) 可编程性:软件无线电核心是数字信号处理平台,通过数字信号处理器(DSP),将无线通信的各个功能由软件编程实现。它包括基带信号的数字化、通信方式的实现、信道调制方式的选择,以及可编程的射频部分处理,除此以外还包括信道编码、解码、信源编码、解码方式,等等。

(3) 系统维护的便捷性和可升级性:软件无线电通信系统的功能实现是通过通用硬件平台上运行的软件实现的。因此,系统的维护和升级通过维护和升级相应的软件即可。相比,通过对硬件电路的修改升级更加方便快捷。

(4) 系统易于模块化、集成化、智能化:大量集成电路的使用使无线通信系统的设计更趋向于模块化,其规模更小,更易集成。随着大规模可编程集成电路的开发,软件无线电智能化程度更易提高。

在软件无线电系统中,信号通信所占据的频带范围较宽,从几十千赫兹到上兆赫兹。同时,不同的通信系统具有不同的信源、信道编码、信道复用、调制、解调方式。因此系统要求具有快速的数据处理能力和输入输出能力。

软件无线电系统要能实现在不同系统、不同通信体制之间的互联互通,通信系统要求具有传输包括语音、数据、图像、视频等多种类型数据在内的多媒体信息,因此对软件无线电系统的技术方面具有较高的要求。软件无线电系统中关键技术如下。

1. 智能天线技术

天线其实质是一种能量接收器和变换器,它把系统上的信号,变换成在自由空间(大气层等)中传播的电磁波,或者将空间中的电磁波接收进行相反的变换。

天线是在无线通信设备中对外传输信息的接口,无线广播、电视节目(无线)、雷达探测、飞行器、船舶导航、军事电子对抗、卫星遥感、天文探测等工程系统,都依靠天线来进行信息输入输出的工作;天线工作具有可逆性,既可以作为信号发射的媒介又可以作为信号接收的媒介。

小贴士

天线:是一种变换器,它把传输线上传播的导行波变换成在无界媒介(通常是自由空间)中传播的电磁波,或者进行相反的变换。

软件无线电技术要求天线必须具有多频段接入的能力,其工作频段较宽,理想的软件无线电通信系统能够覆盖全部无线通信频段。常见无线通信系统前级部分由射频前端、天线两部分组成,都是由硬件构成,单纯的固定天线无法实现通信信号全频段响应。

软件无线电技术核心由数字信号处理器构成,DSP(如图 9.7 所示)利用强大的数字信号处理能力,对固定天线接收的信号进行优化组合,动态配置天线的接收。

图 9.7　DSP 芯片

2. 信号转换技术

在软件无线电技术中前级后级都存在模数(A/D)、数模转换器(D/A),A/D、D/A 在软件无线电系统中实际上是一个信号传输接口。将基带信号、中频(IF)、射频(RF)信号和中央数字信号处理器软件部分连接起来。

3. 高速信号处理

DSP 作为软件无线电信号处理硬件平台，通过软件编程实现宽带数字滤波、DDS、数字变频、调制、解调、差错编解码、信令控制、信源信道编码及加密解密等功能。信号接收时，经由天线的信号经过 RF 处理，由宽带模数转换器（A/D）进行数字化，然后通过 DSP 模块进行所需的数字信号处理，处理后的数据经窄带数模转换器（D/A）生成模拟信号送至用户终端。发送时，其过程相反。

4. 信令协议

通信之所以能在不同的系统之间进行，归功于通信系统采用同一套通信信令协议。在现代通信系统中，信令部分已经数字化；软件无线电技术中通信协议已经标准化、通用化和模块化。无线接入的主体是公共空间，目前国际上有许多不同的通信协议标准。因此，软件无线电技术能够通过对不同信令的解析实现多模式互通互联。

小贴士

通信信令：通信领域交换机与交换机之间用于话路接续和释放，以及被叫号码和主叫号码携带传送的一种通信规约。

9.3 软件无线电的实现

传统模拟无线电通信接收机如图 9.8 所示，特点是模拟器件较多，中心频率和带宽固定，接收通道中使用窄带滤波器，信号幅频、相频畸变较大。

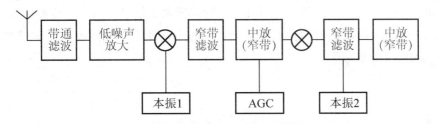

图 9.8 传统模拟无线电通信接收机

中频数字化接收机前端如图 9.9 所示。

软件无线电可分为三大组成部分，如图 9.10 所示。

根据通信系统采样方式及软件无线电的组成结构可以分成射频全宽带低通采样软件无线电结构、射频直接带通采样软件无线电结构、宽带中频带通采样软件无线电结构。

射频全宽带低通采样结构缺点是需要的采样频率太高，要求芯片工作速度足够快，特别要求采用宽频带、多位的模数、数模转换器，显然成本太高；射频直接带通采样缺点

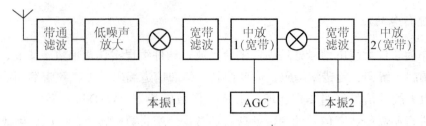

图 9.9 中频数字化接收机前端

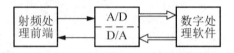

图 9.10 软件无线电组成结构

是：前置窄带滤波器和宽带宽的 A/D 实现起来较难。因此软件无线电技术通常采用第三种结构方式：宽带中频带通采样结构。

其组成结构如图 9.11 所示。

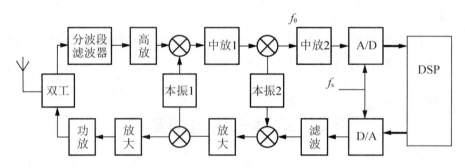

图 9.11 宽带中频带通采样结构

宽带中频带通采样结构的设计方式，使前端电路得到简化。接收信号经过传输通道后信号失真也较小。通过后续的数字化(DSP)处理，增大了信号带宽的适应性以及扩展性。

常见软件无线电接收机有两种数学模型：单通道软件无线电接收机数学模型、并行多通道软件无线电接收机数学模型。

小贴士

这就是我们平时所说的单对单通信和单对多通信方式。

单通道软件无线电接收机模型，在同一时刻只能接收一个信道的信号，并对其进行解调分析。接收到的射频信号经过 AD 采样数字化后，生成了基带数字信号，对数字基带信号进行处理，从有效带宽中提取出载频信号携带的信息。

并行多通道软件无线电接收机模型是通过多个并联的单通道接收机来实现的。在前级采样后，多个信道的信号周期性延展到那奎斯特频带内，在每个信道处理周期中，通过先加载到载波上再搬移到零中频，然后滤波进行抽取得到各信道的数据再进行传输。

思考题与练习题

9.1 软件无线电与传统无线电设备相比有何优点?
9.2 叙述软件无线电的工作原理。
9.3 软件无线电的模型类型有哪些?

第 10 章
Multisim 仿真实验

实验一 高频小信号单调谐放大器实验

本实验利用 Multisim 仿真软件对高频小信号单调谐放大电路进行电路仿真和性能指标的测试，实验硬件电路是采用南京恒盾公司 HD-GP-Ⅲ型实验系统。

一、实验目的

(1) 掌握小信号调谐放大器的基本原理。
(2) 掌握谐振回路的幅频特性分析——通频带与选择性。
(3) 了解放大器的动态范围及其测试方法。

二、实验原理

单调谐放大器是由单调谐回路作为交流负载的放大器。图 10.1 所示为一个单调谐放大器，它是接收机中一种典型的高频放大电路。

在图 10.1 中，该电路由晶体管 Q_1、选频回路 T_1 两部分组成。它不仅对高频小信号进行放大，而且还有一定的选频作用。本实验中输入信号的频率 $f_S=12\mathrm{MHz}$。基极偏置电阻 W_3、R_{22}、R_4 和射极电阻 R_5 决定晶体管的静态工作点。调节可变电阻 W_3 改变基极偏置电阻将改变晶体管的静态工作点，从而可以改变放大器的增益。

表征高频小信号调谐放大器的主要性能指标有谐振频率 f_0、谐振电压放大倍数 A_{v_0}、放大器的通频带 BW 及选择性(通常用矩形系数 $K_{r0.1}$ 来表示)等。

三、实验分析

当谐振回路调谐在放大器的工作频率上，则放大器的电压放大倍数就很高；偏离这个

第10章　Multisim 仿真实验

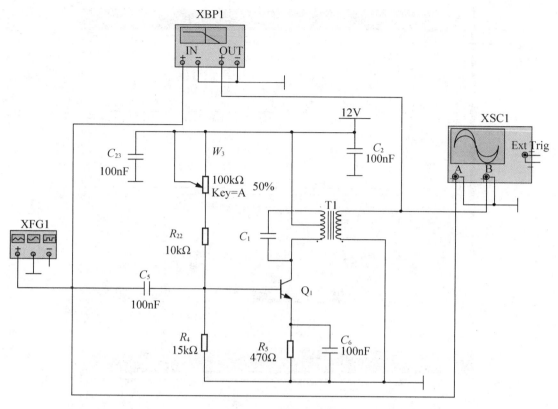

图 10.1　单调谐谐振放大器

频率，放大器的放大作用就下降。图 10.2 为 $f=f_0$ 时的波形，图 10.3 为 $f<f_0$ 时的波形，图 10.4 为 $f>f_0$ 时的波形。注意：图中的坐标参数不同。

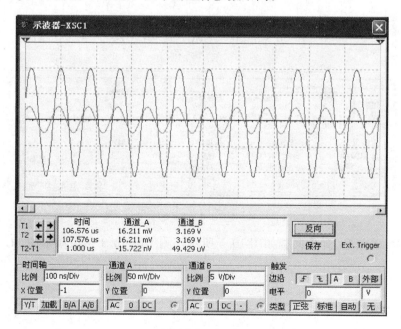

图 10.2　$f=f_0$

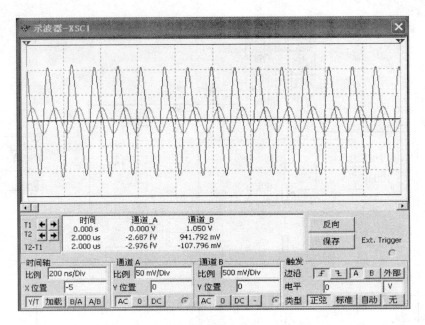

图 10.3 $f < f_0$

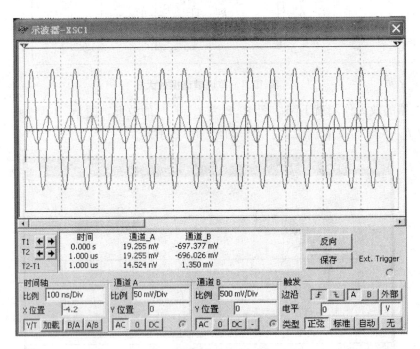

图 10.4 $f > f_0$

双击波特图示仪,弹出面板如图 10.5 所示,测出图 10.1 谐振频率为 11.926MHz。

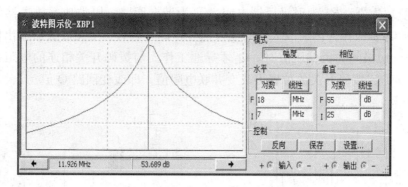

图 10.5 单调谐放大器幅频特性曲线

实验二 非线性丙类功率放大器实验

本实验利用 Multisim 仿真软件对高频小信号单调谐放大电路进行电路仿真和性能指标的测试,实验硬件电路是采用南京恒盾公司 HD-GP-Ⅲ型实验系统。

一、实验目的

(1) 了解丙类功率放大器的基本工作原理。
(2) 了解丙类放大器的调谐特性以及负载改变时的动态特性。
(3) 掌握丙类放大器的计算与设计方法。

二、实验原理

放大器按照电流导通角 θ 的范围可分为甲类、乙类、丙类及丁类等不同类型。功率放大器电流导通角 θ 越小,放大器的效率 η 越高。

甲类功率放大器的导通角 $\theta=180°$,效率 η 最高只能达到 50%,适用于小信号低功率放大,一般作为中间级或输出功率较小的末级功率放大器。

非线性丙类功率放大器的电流导通角 $\theta<90°$,效率可达到 80%,通常作为发射机末级功率放大器以获得较大的输出功率和较高的效率。特点:非线性丙类功率放大器通常用来放大窄带高频信号(信号的通带宽度只有其中心频率的 1%或更小),基极偏置为负值,电流导通角 $\theta<90°$,为了不失真地放大信号,它的负载必须是 LC 谐振回路。

图 10.6 所示为非线性丙类功率放大器,该实验电路由两级功率放大器组成。其中 Q_1、T_1 组成甲类功率放大器,工作在线性放大状态;R_{A3}、R_{14}、R_{15} 组成静态偏置电阻,调节 R_{A3} 可改变放大器的增益;W_1 为可调电阻,调节 W_1 可以改变输入信号幅度;Q_2、T_2

组成丙类功率放大器；R_{16}为射极反馈电阻，T_2为谐振回路。甲类功率放大器的输出信号通过R_{13}送到Q_2基极作为丙类放大器的输入信号，此时只有当甲类放大器输出信号大于丙放管Q_2基极－射极间的负偏压值时，Q_2才导通工作。与拨码开关相连的电阻为负载回路外接电阻，改变S_1拨码开关的位置可改变并联电阻值，即改变回路Q值。

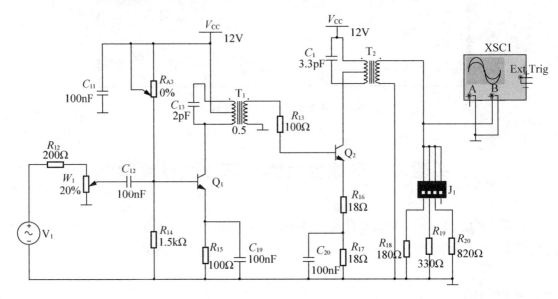

图 10.6　非线性丙类功率放大器

三、实验分析

仿真波形如图 10.7、图 10.8、图 10.9 所示，在仿真时，随着负载的增大，波形从尖顶脉冲变为凹顶脉冲，电路的工作状态变化也由欠压区到临界直接进入到过压区。

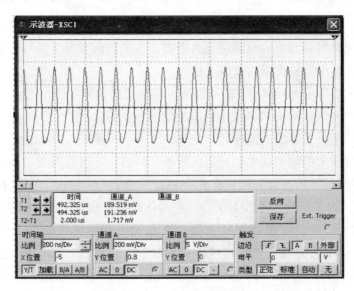

图 10.7　非线性丙类功率放大器工作在欠压状态时仿真波形

第10章　Multisim 仿真实验

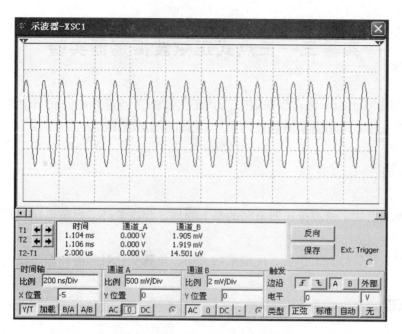

图 10.8　非线性丙类功率放大器仿真波形

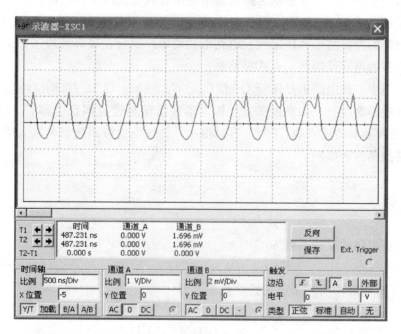

图 10.9　非线性丙类功率放大器工作在过压状态时仿真波形

实验三　三点式正弦波振荡器实验

本实验利用 Multisim 仿真软件对三点式正弦波振荡器进行电路仿真和性能指标的测试，实验硬件电路是采用南京恒盾公司 HD-GP-Ⅲ型实验系统。

一、实验目的

（1）掌握三点式正弦波振荡器电路的基本原理、起振条件、振荡电路设计及电路参数计算。

（2）掌握晶体管静态工作点、反馈系数大小、负载变化对起振和振荡幅度的影响。

二、实验原理

反馈式振荡器电路中，互感耦合振荡器适用于在较低波段工作，而在无线电设备中一般都采用的是三点式 LC 振荡器，特别是电容反馈的三点式电路。这是因为电容反馈 LC 振荡器具有较好的振荡波形和稳定性、电路形式简单，适合在较高波段工作。图 10.10 所示就是一个典型的电容反馈的三点式振荡器。

在图 10.10 中，该电路由晶体管 Q_3 和 C_{13}、C_{20}、C_{10}、CCI、L_2 构成电容反馈三点式振荡器的改进型振荡器——西勒振荡器。振荡器输出信号通过耦合电容 C_3（10pF）加到由 Q_2 组成的射极跟随器的输入端，因 C_3 容量很小，再加上射极跟随器的输入阻抗很高，可以减小负载对振荡器的影响。

三、实验分析

其中，振荡电路的反馈系数为

$$F = C_{13}/C_{20} = 100/470 \approx 0.21$$

电容 CCI（0~30pF）可用来改变振荡频率，即

$$f_0 = \frac{1}{2\pi\sqrt{L_2(C_{10} + \text{CCI})}}$$

当把 CCI 调到最大（CCI=30pF）时，其输出的波形如图 10.11 所示，频率如图 10.12 所示。

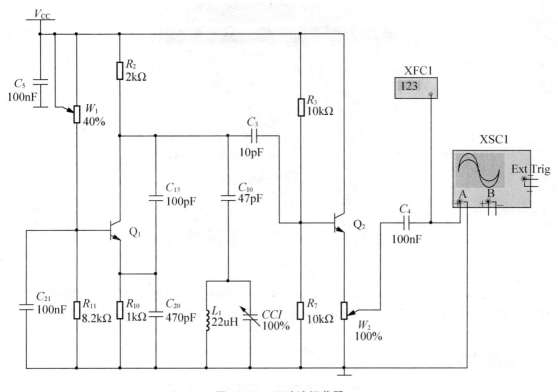

图 10.10 正弦波振荡器

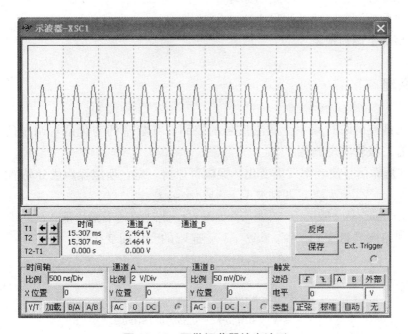

图 10.11 西勒振荡器输出波形

图 10.12 西勒振荡器输出频率

实验四　变容二极管调频实验

本实验利用 Multisim 仿真软件对变容二极管调频电路进行电路仿真和性能指标的测试，实验硬件电路是采用南京恒盾公司 HD-GP-Ⅲ型实验系统。

一、实验目的

（1）掌握变容二极管调频电路的原理。
（2）了解调频调制特性及测量方法。
（3）观察寄生调幅现象。

二、实验原理

调频即为载波的瞬时频率受调制信号的控制，其频率的变化量与调制信号呈线性关系。常用变容二极管实现调频。

FM 调制是靠信号使频率发生变化，振幅可保持一定，所以噪声成分易消除。
设载波 $V_c = V_{cm}\cos\omega_c t$，调制波 $V_s = V_{sm}\cos\omega_s t$。
$\omega_m = \omega_c + \Delta\omega\cos\omega_s t$ 或 $f_m = f_c + \Delta f\cos 2\pi f_s t$，此时的频率偏移量 Δf 为最大频率偏移。最后得到的被调制波 $V_m = V_{cm}\sin\theta_m$，V_m 随 V_s 的变化而变化。

$$\theta_m = \int_0^t \omega_m \mathrm{d}t = \omega_c t + (\Delta\omega/\omega_s)\sin\omega_s t$$

$$\begin{aligned}V_m &= V_{cm}\sin\theta_m \\ &= V_{cm}\sin[\omega_c t + (\Delta\omega/\omega_s)\sin\omega_s t] \\ &= V_{cm}\sin(\omega_c t + m\sin\omega_s t)\end{aligned}$$

其中：$m = \dfrac{\Delta\omega}{\omega_s} = \dfrac{\Delta f}{f_s}$ 为调制系数。

三、实验分析

变容二极管调频电路如图 10.13 所示。从输入端加入调制信号,使变容二极管的瞬时反向偏置电压在静态反向偏置电压的基础上按调制信号的规律变化,从而使振荡频率也随调制电压的规律变化,此时输出端输出为调频波(如图 10.14 所示)。C_{15} 为变容二极管的高频通路,L_1 为音频信号提供低频通路,L_1 和 C_{23} 又可阻止高频振荡进入调制信号源。

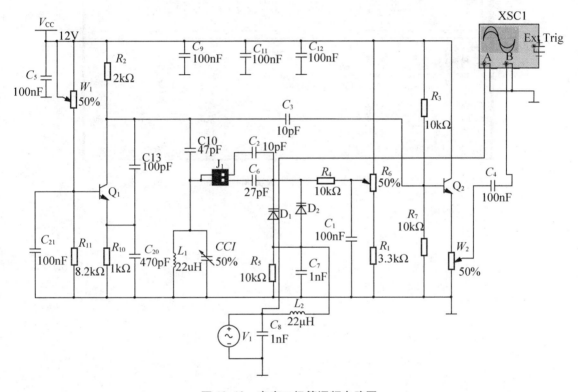

图 10.13 变容二极管调频电路图

由图 10.14 可以看出,因为采用了两个变容二极管,因此在高频电压的任一半周内,一个变容二极管寄生电容增大,而另一个减少,使结电容的变化不对称性相互抵消,从而削弱寄生调幅。

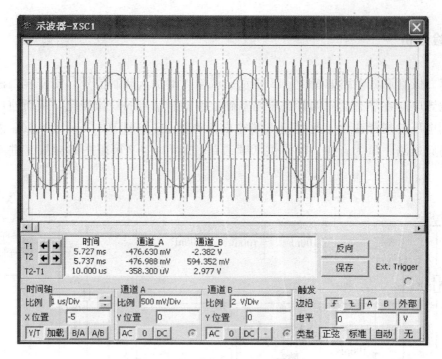

图 10.14 变容二极管调频电路

参 考 文 献

[1] 张肃文. 高频电子线路[M]. 北京：高等教育出版社，2004.
[2] 胡宴如. 高频电子线路[M]. 北京：高等教育出版社，2009.
[3] 胡宴如. 高频电子线路学习指导[M]. 北京：高等教育出版社，2006.
[4] 阳昌汉. 高频电子线路[M]. 北京：高等教育出版社，2006.
[5] 阳昌汉. 高频电子线路学习指导[M]. 北京：高等教育出版社，2006.
[6] 曾兴雯. 高频电子线路[M]. 北京：高等教育出版社，2004.
[7] 康华光. 电子技术基础 模拟部分[M]. 5版. 北京：高等教育出版社，2006.
[8] 陈祝明. 软件无线电技术基础[M]. 北京：高等教育出版社，2007.
[9] 杨小牛. 软件无线电原理与应用[M]. 北京：电子工业出版社，2001.
[10] 吴启晖. 软件无线电在第三代移动通信系统中的应用与新进展[J]. 移动通信，2012(4).
[11] 谢嘉奎，宣月清，冯军. 电子线路(非线性部分)[M]. 4版. 北京：高等教育出版社，2000.
[12] 刘彩霞，刘波粒. 高频电子线路[M]. 北京：科学出版社，2008.
[13] 董在望. 通信电路原理[M]. 2版. 北京：高等教育出版社，2002.
[14] 解月珍，谢沅清. 通信电子线路[M]. 北京：机械工业出版社，2003.

北京大学出版社本科电气信息系列实用规划教材

序号	书名	书号	编著者	定价	出版年份	教辅及获奖情况
	物联网工程					
1	物联网概论	7-301-23473-0	王平	38	2014	电子课件/答案,有"多媒体移动交互式教材"
2	物联网概论	7-301-21439-8	王金甫	42	2012	电子课件/答案
3	现代通信网络	7-301-24557-6	胡珺珺	38	2014	电子课件/答案
4	物联网安全	7-301-24153-0	王金甫	43	2014	电子课件/答案
5	通信网络基础	7-301-23983-4	王昊	32	2014	
6	无线通信原理	7-301-23705-2	许晓丽	42	2014	电子课件/答案
7	家居物联网技术开发与实践	7-301-22385-7	付蔚	39	2013	电子课件/答案
8	物联网技术案例教程	7-301-22436-6	崔逊学	40	2013	电子课件
9	传感器技术及应用电路项目化教程	7-301-22110-5	钱裕禄	30	2013	电子课件/视频素材,宁波市教学成果奖
10	网络工程与管理	7-301-20763-5	谢慧	39	2012	电子课件/答案
11	电磁场与电磁波(第2版)	7-301-20508-2	邹春明	32	2012	电子课件/答案
12	现代交换技术(第2版)	7-301-18889-7	姚军	36	2013	电子课件/习题答案
13	传感器基础(第2版)	7-301-19174-3	赵玉刚	32	2013	
14	物联网基础与应用	7-301-16598-0	李蔚田	44	2012	电子课件
15	通信技术实用教程	7-301-25386-1	谢慧	35	2015	
	单片机与嵌入式					
1	嵌入式ARM系统原理与实例开发(第2版)	7-301-16870-7	杨宗德	32	2011	电子课件/素材
2	ARM嵌入式系统基础与开发教程	7-301-17318-3	丁文龙 李志军	36	2010	电子课件/习题答案
3	嵌入式系统设计及应用	7-301-19451-5	邢吉生	44	2011	电子课件/实验程序素材
4	嵌入式系统开发基础------基于八位单片机的C语言程序设计	7-301-17468-5	侯殿有	49	2012	电子课件/答案/素材
5	嵌入式系统基础实践教程	7-301-22447-2	韩磊	35	2013	电子课件
6	单片机原理与接口技术	7-301-19175-0	李升	46	2011	电子课件/习题答案
7	单片机系统设计与实例开发(MSP430)	7-301-21672-9	顾涛	44	2013	电子课件/答案
8	单片机原理与应用技术	7-301-10760-7	魏立峰 王宝兴	25	2009	电子课件
9	单片机原理及应用教程(第2版)	7-301-22437-3	范立南	43	2013	电子课件/习题答案,辽宁"十二五"教材
10	单片机原理与应用及C51程序设计	7-301-13676-8	唐颖	30	2011	电子课件
11	单片机原理与应用及其实验指导书	7-301-21058-1	邵发森	44	2012	电子课件/答案/素材
12	MCS-51单片机原理及应用	7-301-22882-1	黄翠翠	34	2013	电子课件/程序代码
	物理、能源、微电子					
1	物理光学理论与应用	7-301-16914-8	宋贵才	32	2010	电子课件/习题答案,"十二五"普通高等教育本科国家级规划教材
2	现代光学	7-301-23639-0	宋贵才	36	2014	电子课件/答案
3	平板显示技术基础	7-301-22111-2	王丽娟	52	2013	电子课件/答案
4	集成电路版图设计	7-301-21235-6	陆学斌	32	2012	电子课件/习题答案
5	新能源与分布式发电技术	7-301-17677-1	朱永强	32	2010	电子课件/习题答案,北京市精品教材,北京市"十二五"教材
6	太阳能电池原理与应用	7-301-18672-5	靳瑞敏	25	2011	电子课件

序号	书名	书号	编著者	定价	出版年份	教辅及获奖情况
7	新能源照明技术	7-301-23123-4	李姿景	33	2013	电子课件/答案
基 础 课							
1	电工与电子技术(上册)(第2版)	7-301-19183-5	吴舒辞	30	2011	电子课件/习题答案,湖南省"十二五"教材
2	电工与电子技术(下册)(第2版)	7-301-19229-0	徐卓农 李士军	32	2011	电子课件/习题答案,湖南省"十二五"教材
3	电路分析	7-301-12179-5	王艳红 蒋学华	38	2010	电子课件,山东省第二届优秀教材奖
4	模拟电子技术实验教程	7-301-13121-3	谭海曙	24	2010	电子课件
5	运筹学(第2版)	7-301-18860-6	吴亚丽 张俊敏	28	2011	电子课件/习题答案
6	电路与模拟电子技术	7-301-04595-4	张绪光 刘在娥	35	2009	电子课件/习题答案
7	微机原理及接口技术	7-301-16931-5	肖洪兵	32	2010	电子课件/习题答案
8	数字电子技术	7-301-16932-2	刘金华	30	2010	电子课件/习题答案
9	微机原理及接口技术实验指导书	7-301-17614-6	李干林 李升	22	2010	课件(实验报告)
10	模拟电子技术	7-301-17700-6	张绪光 刘在娥	36	2010	电子课件/习题答案
11	电工技术	7-301-18493-6	张 莉 张绪光	26	2011	电子课件/习题答案,山东省"十二五"教材
12	电路分析基础	7-301-20505-1	吴舒辞	38	2012	电子课件/习题答案
13	模拟电子线路	7-301-20725-3	宋树祥	38	2012	电子课件/习题答案
14	电工学实验教程	7-301-20327-9	王士军	34	2012	
15	数字电子技术	7-301-21304-9	秦长海 张天鹏	49	2013	电子课件/答案,河南省"十二五"教材
16	模拟电子与数字逻辑	7-301-21450-3	邬春明	39	2012	电子课件
17	电路与模拟电子技术实验指导书	7-301-20351-4	唐 颖	26	2012	部分课件
18	电子电路基础实验与课程设计	7-301-22474-8	武 林	36	2013	部分课件
19	电文化——电气信息学科概论	7-301-22484-7	高 心	30	2013	
20	实用数字电子技术	7-301-22598-1	钱裕禄	30	2013	电子课件/答案/其他素材
21	模拟电子技术学习指导及习题精选	7-301-23124-1	姚娅川	30	2013	电子课件
22	电工电子基础实验及综合设计指导	7-301-23221-7	盛桂珍	32	2013	
23	电子技术实验教程	7-301-23736-6	司朝良	33	2014	
24	电工技术	7-301-24181-3	赵莹	46	2014	电子课件/习题答案
25	电子技术实验教程	7-301-24449-4	马秋明	26	2014	
26	微控制器原理及应用	7-301-24812-6	丁筱玲	42	2014	
27	模拟电子技术基础学习指导与习题分析	7-301-25507-0	李大军 唐 颖	32	2015	电子课件/习题答案
28	电工学实验教程(第2版)	7-301-25343-4	王士军 张绪光	27	2015	
电子、通信							
1	DSP技术及应用	7-301-10759-1	吴冬梅 张玉杰	26	2011	电子课件,中国大学出版社图书奖首届优秀教材奖一等奖
2	电子工艺实习	7-301-10699-0	周春阳	19	2010	电子课件
3	电子工艺学教程	7-301-10744-7	张立毅 王华奎	32	2010	电子课件,中国大学出版社图书奖首届优秀教材奖一等奖
4	信号与系统	7-301-10761-4	华 容 隋晓红	33	2011	电子课件
5	信息与通信工程专业英语(第2版)	7-301-19318-1	韩定定 李明明	32	2012	电子课件/参考译文,中国电子教育学会2012年全国电子信息类优秀教材
6	高频电子线路(第2版)	7-301-16520-1	宋树祥 周冬梅	35	2009	电子课件/习题答案

序号	书名	书号	编著者	定价	出版年份	教辅及获奖情况
7	MATLAB 基础及其应用教程	7-301-11442-1	周开利 邓春晖	24	2011	电子课件
8	计算机网络	7-301-11508-4	郭银景 孙红雨	31	2009	电子课件
9	通信原理	7-301-12178-8	隋晓红 钟晓玲	32	2007	电子课件
10	数字图像处理	7-301-12176-4	曹茂永	23	2007	电子课件,"十二五"普通高等教育本科国家级规划教材
11	移动通信	7-301-11502-2	郭俊强 李 成	22	2010	电子课件
12	生物医学数据分析及其 MATLAB 实现	7-301-14472-5	尚志刚 张建华	25	2009	电子课件/习题答案/素材
13	信号处理 MATLAB 实验教程	7-301-15168-6	李 杰 张 猛	20	2009	实验素材
14	通信网的信令系统	7-301-15786-2	张云麟	24	2009	电子课件
15	数字信号处理	7-301-16076-3	王震宇 张培珍	32	2010	电子课件/答案/素材
16	光纤通信	7-301-12379-9	卢志茂 冯进玫	28	2010	电子课件/习题答案
17	离散信息论基础	7-301-17382-4	范九伦 谢 勰	25	2010	电子课件/习题答案,"十二五"普通高等教育本科国家级规划教材
18	光纤通信	7-301-17683-2	李丽君 徐文云	26	2010	电子课件/习题答案
19	数字信号处理	7-301-17986-4	王玉德	32	2010	电子课件/答案/素材
20	电子线路 CAD	7-301-18285-7	周荣富 曾 技	41	2011	电子课件
21	MATLAB 基础及应用	7-301-16739-7	李国朝	39	2011	电子课件/答案/素材
22	信息论与编码	7-301-18352-6	隋晓红 王艳营	24	2011	电子课件/习题答案
23	现代电子系统设计教程	7-301-18496-7	宋晓梅	36	2011	电子课件/习题答案
24	移动通信	7-301-19320-4	刘维超 时 颖	39	2011	电子课件/习题答案
25	电子信息类专业 MATLAB 实验教程	7-301-19452-2	李明明	42	2011	电子课件/习题答案
26	信号与系统	7-301-20340-8	李云红	29	2012	电子课件
27	数字图像处理	7-301-20339-2	李云红	36	2012	电子课件
28	编码调制技术	7-301-20506-8	黄 平	26	2012	电子课件
29	Mathcad 在信号与系统中的应用	7-301-20918-9	郭仁春	30	2012	
30	MATLAB 基础与应用教程	7-301-21247-9	王月明	32	2013	电子课件/答案
31	电子信息与通信工程专业英语	7-301-21688-0	孙桂芝	36	2012	电子课件
32	微波技术基础及其应用	7-301-21849-5	李泽民	49	2013	电子课件/习题答案/补充材料等
33	图像处理算法及应用	7-301-21607-1	李文书	48	2012	电子课件
34	网络系统分析与设计	7-301-20644-7	严承华	39	2012	电子课件
35	DSP 技术及应用	7-301-22109-9	董 胜	39	2013	电子课件/答案
36	通信原理实验与课程设计	7-301-22528-8	邬春明	34	2013	电子课件
37	信号与系统	7-301-22582-0	许丽佳	38	2013	电子课件/答案
38	信号与线性系统	7-301-22776-3	朱明旱	33	2013	电子课件/答案
39	信号分析与处理	7-301-22919-4	李会容	39	2013	电子课件/答案
40	MATLAB 基础及实验教程	7-301-23022-0	杨成慧	36	2013	电子课件/答案
41	DSP 技术与应用基础(第 2 版)	7-301-24777-8	俞一彪	45	2015	
42	EDA 技术及数字系统的应用	7-301-23877-6	包 明	55	2015	
43	算法设计、分析与应用教程	7-301-24352-7	李文书	49	2014	
44	Android 开发工程师案例教程	7-301-24469-2	倪红军	48	2014	
45	ERP 原理及应用	7-301-23735-9	朱宝慧	43	2014	电子课件/答案
46	综合电子系统设计与实践	7-301-25509-4	武林	32(估)	2015	
47	高频电子技术	7-301-25508-7	赵玉刚	29	2015	电子课件
48	信息与通信专业英语	7-301-25506-3	刘小佳	29	2015	电子课件

序号	书名	书号	编著者	定价	出版年份	教辅及获奖情况
	自动化、电气					
1	自动控制原理	7-301-22386-4	佟 威	30	2013	电子课件/答案
2	自动控制原理	7-301-22936-1	邢春芳	39	2013	
3	自动控制原理	7-301-22448-9	谭功全	44	2013	
4	自动控制原理	7-301-22112-9	许丽佳	30	2013	
5	自动控制原理	7-301-16933-9	丁 红 李学军	32	2010	电子课件/答案/素材
6	自动控制原理	7-301-10757-7	袁德成 王玉德	29	2007	电子课件,辽宁省"十二五"教材
7	现代控制理论基础	7-301-10512-2	侯媛彬等	20	2010	电子课件/素材,国家级"十一五"规划教材
8	计算机控制系统(第2版)	7-301-23271-2	徐文尚	48	2013	电子课件/答案
9	电力系统继电保护(第2版)	7-301-21366-7	马永翔	42	2013	电子课件/习题答案
10	电气控制技术(第2版)	7-301-24933-8	韩顺杰 吕树清	28	2014	电子课件
11	自动化专业英语(第2版)	7-301-25091-4	李国厚 王春阳	46	2014	电子课件/参考译文
12	电力电子技术及应用	7-301-13577-8	张润和	38	2008	电子课件
13	高电压技术	7-301-14461-9	马永翔	28	2009	电子课件/习题答案
14	电力系统分析	7-301-14460-2	曹 娜	35	2009	
15	综合布线系统基础教程	7-301-14994-2	吴达金	24	2009	电子课件
16	PLC原理及应用	7-301-17797-6	缪志农 郭新年	26	2010	电子课件
17	集散控制系统	7-301-18131-7	周荣富 陶文英	36	2011	电子课件/习题答案
18	控制电机与特种电机及其控制系统	7-301-18260-4	孙冠群 于少娟	42	2011	电子课件/习题答案
19	电气信息类专业英语	7-301-19447-8	缪志农	40	2011	电子课件/习题答案
20	综合布线系统管理教程	7-301-16598-0	吴达金	39	2012	电子课件
21	供配电技术	7-301-16367-2	王玉华	49	2012	电子课件/习题答案
22	PLC技术与应用(西门子版)	7-301-22529-5	丁金婷	32	2013	电子课件
23	电机、拖动与控制	7-301-22872-2	万芳瑛	34	2013	电子课件/答案
24	电气信息工程专业英语	7-301-22920-0	余兴波	26	2013	电子课件/译文
25	集散控制系统(第2版)	7-301-23081-7	刘翠玲	36	2013	电子课件,2014年中国电子教育学会"全国电子信息类优秀教材"一等奖
26	工控组态软件及应用	7-301-23754-0	何坚强	49	2014	电子课件/答案
27	发电厂变电所电气部分(第2版)	7-301-23674-1	马永翔	48	2014	电子课件/答案
28	自动控制原理实验教程	7-301-25471-4	丁 红 贾玉瑛	29	2015	
29	自动控制原理(第2版)	7-301-25510-0	袁德成	35	2015	

相关教学资源如电子课件、电子教材、习题答案等可以登录 www.pup6.cn 下载或在线阅读。

扑六知识网(www.pup6.com)有海量的相关教学资源和电子教材供阅读及下载(包括北京大学出版社第六事业部的相关资源),同时欢迎您将教学课件、视频、教案、素材、习题、试卷、辅导材料、课改成果、设计作品、论文等教学资源上传到 pup6.com,与全国高校师生分享您的教学成就与经验,并可自由设定价格,知识也能创造财富。具体情况请登录网站查询。

如您需要免费纸质样书用于教学,欢迎登陆第六事业部门户网(www.pup6.com.cn)填表申请,并欢迎在线登记选题以到北京大学出版社来出版您的大作,也可下载相关表格填写后发到我们的邮箱,我们将及时与您取得联系并做好全方位的服务。

扑六知识网将打造成全国最大的教育资源共享平台,欢迎您的加入——让知识有价值,让教学无界限,让学习更轻松。

联系方式:010-62750667,pup6_czq@163.com,szheng_pup6@163.com,欢迎来电来信咨询。